亀《かめ》のひみつ

蟲文庫店主 田中美穂
監修 矢部 隆

WAVE出版

亀《かめ》のひみつ

布団で寝ることもあります。

はじめに

かたっ、かたっと音をさせて亀が廊下を歩く音がする。

ああ、おなかがすいたのかなあ、とドアをあけてのぞいてみると、思った通り、玄関にある水槽へと向かっています。おもむろに近づき、ひょいと亀をつかんで水の中にじゃぼん。そしてカメのエサをぱらぱらと落とすと、何度も何度も取りこぼしながら、じつに不器用に食べはじめます。

この亀は10歳になる、サヨちゃんという名前のオスのクサガメです。なぜオスなのにサヨちゃんかといえば、まだ生まれて間もない頃、その小さく可憐な姿をみてつけたのですが、だんだんと成長していくうちにオスであることが判明。とはいえいまさら別の名前をつけても落ち着かないため「サヨイチ」と地味な改名をしました。それで相変わらずサヨちゃん。亀の雌雄はある程度成長するまで判らないものなのです。

いつ頃からでしょうか、サヨちゃんは1日の半分くらいを家の中

ナドさんを追いかけて走るサヨイチ。しかし数十秒後、
一周回ってきたナドさんが背後にいたりすることも。

で自由に生活するようになりました。亀というと石のようにじっと動かないイメージを持つ人も少なくないのですが、じつは意外に歩くのも泳ぐのも速い、運動量の多い生き物です。せまい水槽の中が不満なのか、毎日ガタガタと水槽の外側へむかって終わりなき犬かきを繰り返すのが不憫になり、また成長するにつれてその音が大きく耳に付くようにもなったため、それならばいっそ、と思ったのがきっかけだったと思います。

室内を自由に歩きまわる様子をみているうちに、亀というのはじつに好奇心旺盛で遊び好きだということがわかりました。家にはこのほかに猫が2匹いるのですが、サヨちゃんはこの猫たちのことが好きでたまらず、気配を感じるや、全速力でそちらに向かって駆けて行きます。

亀が走るなんて、それまでは考えてもみませんでしたから、はじめてみた時はおどろきました。でも、ほんとうに走るのです。亀なりの速度で。

ただ、猫のほうはちょっと迷惑そうで、たいていは立体的に逃げて行くのですが、それでも気が向くと、ゆらゆらと尻尾をゆらして遊んでやることもあります。その時のうれしそうな様子といったら

炬燵布団を
這い上がってきたサヨイチ。
努力の甲斐あって
ナドさん発見。

もう。思わず「よかったねえ」と声をかけてしまいます。たぶん、起きている時の大半は猫のことを考えているのではないでしょうか。

さて、水槽の中でエサを食べ終え、出すものを出した亀は、たいていその水の中の居心地をたのしむこともせず、即座に「ご飯すんだ。出たい出たい」と言わんばかりにガタガタと水槽をかきはじめます。うるさいです。

そこで、亀専用タオルで甲羅や手足をふいてやり、廊下の床の上にコトリ。さっそく猫たちの憩っていそうなところへと向かって歩きはじめます。家の中の見取り図もちゃんと頭にはいっているようなのです。

この本では、そんな亀との暮らしの中からわいてきた、たくさんの不思議について考えてみました。

● **猫ハウス**
ぬくぬくとくつろいでいる
猫に迷惑がられます。

● **冷蔵庫の脇**
猫のおやつコーナー。
写真奥の米びつの下に
潜んでいることもあります。

● **玄関**
サヨイチの水槽。
おなかがすくと
ここへやってきます。

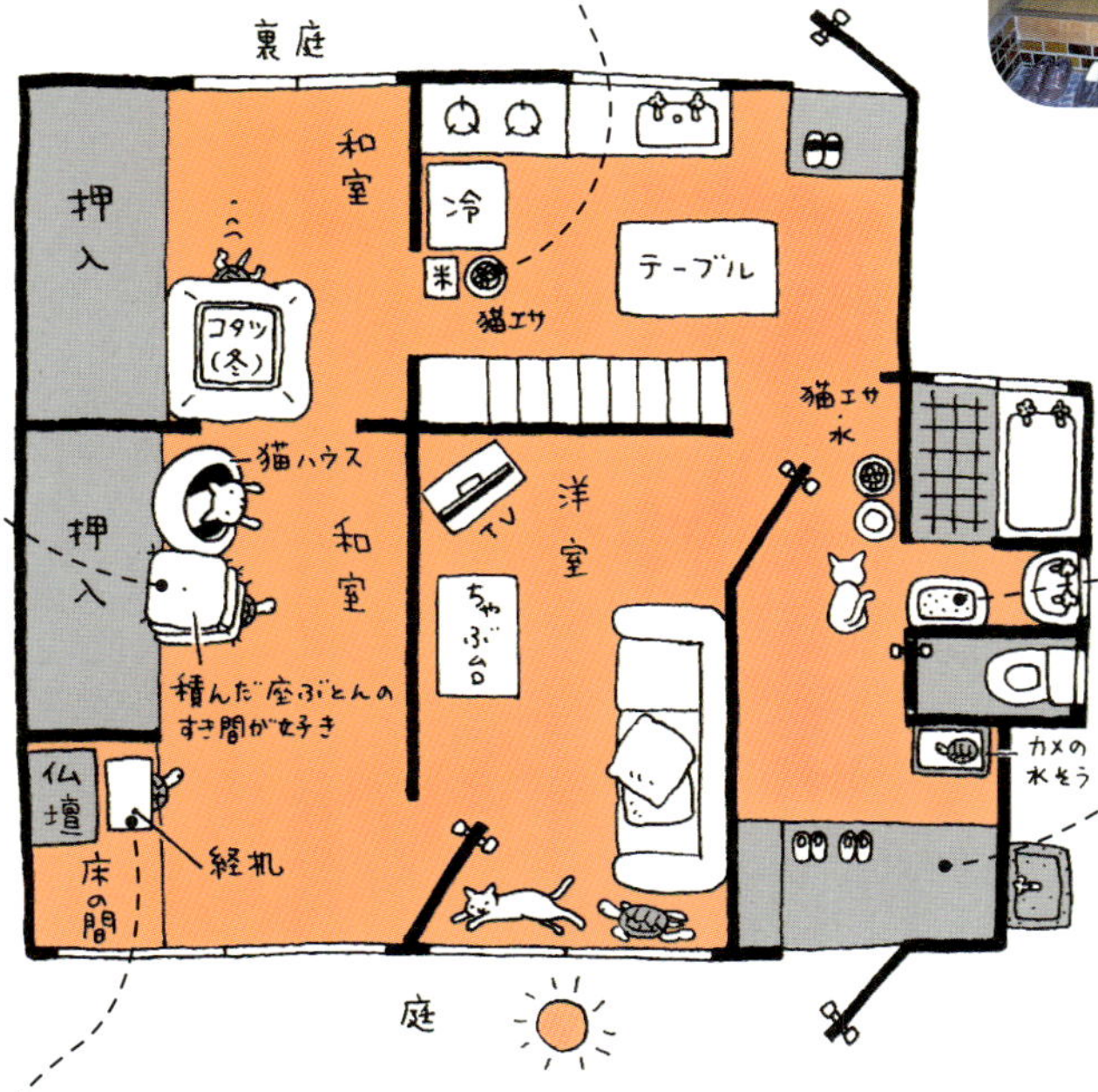

● **経机の下**
ここも待ち伏せスポット。

● **猫トイレ**
猫のカリカリコーナーとも
近いので、必ずチェックします。

もくじ

はじめに 002

第1章 うちの亀

うちにいる亀（サヨイチくんの春夏秋冬） 012
うちの亀たち・プロフィール 018
亀とわたし 022
子どもと甲羅 026
亀のかわいいところ 028
甲羅をせおって2億年 032
亀の好きな場所 035
店にいる亀 038
亀が鳴く 042

コラム1

蓑《みの》亀《がめ》 044

第2章 亀のひみつ

いろいろな亀（淡水、陸、海）…… 048
日本にいる亀（ニホンイシガメ・クサガメ他）…… 052
珍しい亀 …… 074
甲羅のふしぎ …… 080
おなか（腹甲）…… 084
亀の知能 …… 088
聴覚、視覚など …… 092
雌雄《しゆう》 …… 095
低代謝と無酸素 …… 098
日本の亀の分布・国産種の現状と課題 …… 100

コラム2

亀の本 …… 104

第3章 亀を飼う

亀を飼うということ …… 108
亀の飼い方・選び方 …… 113
亀も大きくなります …… 118

日々の世話 121
冬眠・繁殖 136
産卵・孵化 144
シマ子さんの産卵 149
コラム3 最後の猫亀ショー 156

第4章 よその亀

矢部隆先生訪問記 160
ガケ書房の亀 166
知久さんの亀 172
野外観察 176
動物園の亀 182

あとがき 186
参考文献 188

● **ブックデザイン**
松田行正＋日向麻梨子（マツダオフィス）

● **イラスト**
三木謙次

● **写真**
著者（そのほか提供協力者多数）

※著者の飼育している亀の大半が淡水生のカメであること、居住地である瀬戸内沿岸部では亀といえばクサガメを指すことなどの理由から、全体の内容が淡水生のカメ、その中でも特にクサガメにかたよったものになっています。また「亀」という文字は、いかにも亀の形を表していて好きなので、可能な限り漢字で表記しました。カタカナとの混在が見苦しい部分もあるかと思いますが、どうぞご容赦ください。

第1章
うちの亀

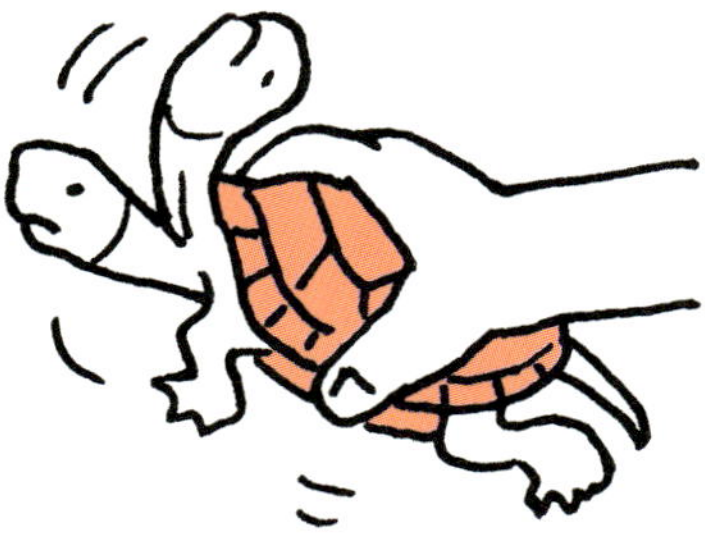

うちにいる亀（サヨイチくんの春夏秋冬）

居間のちゃぶ台で仕事中、
気がつくと背後に
亀が迫ってきていました。

《春》

「ああ、サヨちゃん。ごめんごめん」

我が家で頻繁に発せられる言葉です。クサガメのサヨイチくんは、寒さで動けない酷寒期以外はしじゅう猫の姿をもとめ、家の中をパトロールしています。

亀が家の中をうろうろしている状態にはもうなれっこなので、わたしも家族もまったく気に留めずに過ごしています。おかげで足もとまで来ているのに気づかず、うっかり蹴飛ばしてしまうのです。そこで冒頭のセリフとなるのですが、亀のほうは、ずずっ、と十数センチほど滑ってゆくだけ。

しばらくは状況がのみ込めずぼんやりしていた亀は、こちらがそのまま静かにしていると、また何事もなかったかのようにパトロールを再開します。

待ち伏せ中。
ときどきこのままだらりと
伸びて寝ていることもあります。
猫も亀も
なぜか仏壇まわりが好き。

亀は、意外にかしこくて愛嬌もある生き物なのですが、さすがに「デリカシー」というものは求められないため、互いの空気を察しあって生きている猫たちにはあまり好かれていません。

ただ、自分が猫たちから好かれていないという事実はちゃんと認識しているので、容易には気づかれないよう、猫らが必ず立ち寄るエサ皿のそばにある米びつの下や、お気に入りのお昼寝スポットである床の間の、その脇にある経机の下などに潜んで、じっと待っているのです。

最近では猫たちのほうも、特に危害を加えられるわけではない、ということを理解したようで「ああ、また来た」とうっとうしいようなそぶりをしながらも、機嫌がよければすぐには逃げて行かず、しばらくのあいだ亀の相手をしてやるようになりました。

我が家に限らず、亀と猫をいっしょに飼っていると似たことが起こりがちのようで、うちも、うちもという話もいくつか聞いていますす。

布団をかぶって無視しつづけると、
あきらめて去っていきます。

《夏》

夏の明け方、ザカザカと畳の上を歩む足音で、うっすらと目が覚めます。つづいてほんのりと生臭いようなにおい。そして目を開けると、すでに目前に亀の鼻面が、ということがよくあります。

いつまでもぐずぐず寝ている人間を、猫が起こしに来るということはありますが、亀はさすがにそんなつもりはなく、ただ、うろうろしているうちに人間の姿を認め、「あ、いるいる」とばかりに近寄ってきただけなのでしょう。でも、意図的に起こそうとする猫を無視することよりも、ただ無心にこちらへと向かってくる亀のほうがやっかいといえばやっかい。いくら馴れているとはいえ、猫のように人の様子を察するということはしません。ただひたすら、興味の向いたほうへ進むのみ。

部屋で本を読んでいるような時も、横目に見ながら「あ、こっちに向かってきているな」と思っていたらそうではなくて、投げ出したわたしの足を必死で乗り越えていくことも。そんな時、そこにいる人間は障害物でしかないようです。しかも、迂回はあまりせず、直進が基本。ただ、意外に空間把握能力は高いので、エサを食べる

外が楽しいのはわかるけど、
水分補給も大切よ。

ために水槽のところへ戻る時などは、ちゃんと最短距離を選んでいるようです。

さて、わたしの布団のところまでやってきた亀がどうするのかというと、たいていは特に何もせず、鼻先をわたしの顔ぎりぎりのところまで伸ばしてじっとしているだけです。たまに、暖をとりに布団にもぐりこんでくることもあるのですが、さすがに亀の甲羅は夏でもひやっと冷たく、いやでも目が覚めてしまいます。ちなみに、陸生のカメより、クサガメなどの淡水生のカメのほうが、よりひんやりとしているような気がします。

やわらかい布も好きなようで、タオルケットをたたもうと何気なくつまみあげたら、その中にもぐって寝ていた亀がごろっと転がり出てくることも。

ところで、こんなふうに室内で放し飼いにしていると、狭い水槽の中よりは断然楽しいからでしょう。なかなか水に入りたがらなくなります。

ですが、あくまでも水棲の亀ですから、乾燥のしすぎはよくありません。最近ではいやがっても定期的に水槽へ入れ、水分補給をさせるようにしています。そんな時にのぞきこむと、じつに不満そう

「ナドさん発見！ ナドさん発見！」。
迫り来る亀に、
猫もおちおちくつろげません。

な顔でこちらを見上げている亀と目が合うのです。

《秋〜冬》

本来なら冬眠に入るシーズンですが、室内自由行動のサヨちゃんについては、かなりスローモーションになるとはいえ夏場の延長のような暮らしをしています。

はじめの頃は、亀の好きなようにさせていました。でも、猫らのいるホーム炬燵に入ったきり、ほとんど出て来なくなるため、最近では水槽でのぬるま湯生活を基本にしています。

もちろん、外へ出たがるので、こちらにゆとりがあれば出してやります。すると、決まって向かうのは、やはりホーム炬燵。水槽を置いている玄関から炬燵のある部屋までは、複雑ではないにしても、途中にいくつかの障害があります。でもそれらはまったく問題にせず、いつもすんなりと辿り着くのです。

我が家の炬燵は猫のために置いているので、電気は点けず、かわりに湯たんぽを入れています。

おかげで中はたいして温度が上がらないのですが、それでも冬場の、あまり動きたくない気分の亀にはすこしあたたかすぎるのか、

窓辺でいっしょに日光浴。
まとわりつくのも忘れて
お昼寝します。

いつも炬燵布団のはじっこや、さらにその下の2枚重ねにした中敷の隙間にもぐりこんですごしています。

おかげで、夏場ならまとわりつかれて迷惑をしている猫らものびのびとすごすことができ、また、これはわたしの勝手な妄想ですが、亀のほうも「猫たちがそばにいるな」という安堵感を得つつ、ひとり亀の夢の世界でまどろんでいるのではないかと思うのです。

そして、その様子も2月の中旬を過ぎると変わってきます。季節の移ろいには、わたしたち人間よりもずっと敏感なのでしょう。まだ気温は低いというのに、ぼんやりした顔で炬燵から出てきては「あ、やっぱり寒い……」とぎこちない動きで引き返すということを繰り返しはじめ、そして桜の開花が近づく頃には動作もなめらかに、ふたたび猫らを追いかけはじめます。

うちの亀たち・プロフィール

※年齢はいずれも執筆当時、推定。

サヨイチ（クサガメ ♂ 10歳）

まだ小さな頃、近所のホームセンターの中にあるペットコーナーで買いました。オスのクサガメは、大人になるとこのように全身が黒化します。クサガメらしいのんびりとした性格。同じ家に暮らす猫たちを追いかけることに余念がありません。

つぶさん（ホルスフィールドリクガメ ♂ 13歳）

事情があって飼えなくなった知人から譲り受けたリクガメ。ヨツユビリクガメ、ロシアリクガメとも呼ばれ、原産地はイランや新疆ウイグルなど。うちにいる亀の中で唯一の外国産ですが、畳の生活も長いせいか、だんだんと馴染んできました。

● **むいちゃん**（ニホンイシガメ ♀ 8歳）

孵化後半年ほどの頃に友人から贈られました。はじめはニホンイシガメらしい神経質さを発揮して、なかなか大きくならなかったのですが、3年目くらいから急に落ち着きが出て、そして一気に大きくなりました。黄色い甲羅が自慢の美人さん。

● **タマ夫とシマ子**（ヤエヤマイシガメ ♂♀ 10歳）

知人からつがいで譲り受けた亀。うちに来た時にはすでに甲長10センチくらいありました。小さい時からずっといっしょだったのでしょう、とても仲のいい2匹。にっと笑ったような口元がかわいい。

● **トチ**（うんきゅう ♂ 4歳）

ある年のお正月、エサを買いに行ったペットショップで見かけて、ひとめぼれ。うんきゅうというのはイシガメとクサガメの交雑種で、自然界でもときどきみられます。特徴の出方にはバリエーションがあり興味はつきません。しかも繁殖能力もあるのです。

● **ちょき**（クサガメ 性別不明 2歳）

東京の知人宅で孵ったクサガメの子ども。わたしの膝に乗って新幹線で岡山までやってきました。オスかメスかまだわかりませんが、物おじせず食欲も旺盛で将来がたのしみです。

● **こじま**（クサガメ ♂ かなり高齢）

ちょうどこの本を書いている最中、倉敷市児島《こじま》という海沿いの町に住む知人から「犬の散歩中に亀を拾ったんだけど、どうしよう」と相談され、引き取った亀です。そのまま、拾われた土地の名前をつけました。頭の大きなタイプの雄のクサガメで、完全に黒化しています。甲羅のすり減り方からみても、かなり高齢のようで、なんとなく20～30歳くらいではないかと思っています。

はじめから市販のエサもよく食べたので、たぶん飼われていたのでしょう。

亀とわたし

20歳の頃にせおっていた
自作の亀リュックを
20年ぶりにせおってみました。
まるで“オカンアート”のようです。

部屋の片隅に、かれこれもう20年ほどのあいだ、そっとかけてある自作の亀リュックがあります。

そもそもは、六角形のはぎれをつぎあわせているうちに、直径20センチくらいの亀形のぬいぐるみができ上がり、それをリュックのようにせおえるタイプの巾着袋にくっつけただけです。亀部分はなんの役目も果たしません。それでも当時は大変気に入って、仕事に行く時も遊びに行く時も、いつもこれをかついでいたものです。職場の前にあった八百屋のおばさんからは「亀のおねえさん」と呼ばれていました。

いまになってみれば、20歳にもなって、こんなものをかついで歩いていたかと思うと「若いって、恐ろしいわね……」と、我がことながらげんなりしてしまいます。それでもこの亀リュックそのものは、いまでもとても気に入っていて、いざという時のための非常用持ち出し袋のひとつになっています。

庭の水道付近で遊ぶ１歳半くらいの頃の著者。
いまもこの場所で亀水槽の掃除をしています。

亀は子どもの頃から好きでしたが、飼いはじめたきっかけ、というのは、あまりはっきり思い出せません。

水田や蓮沼の多い土地に育ったため、身のまわりにはメダカやフナ、ザリガニなどとともに亀も当たり前のようにいました（著者の住む瀬戸内海沿岸部では亀といえばクサガメを指します）。

当時は、外へ遊びに行くとなれば、女の子だって網とバケツは必須アイテム。毎日、なにかしらつかまえて帰っては、庭にしつらえてもらった水槽代わりのトロ舟（セメントをこねるための容器。プラスチックの衣装ケースを浅くしたようなもの）に移し、飽きるとまた川に戻しに行く。そんなことをひたすら繰り返していたように思います。

亀というのは、そんな中でもひときわ存在感が大きく、魅力的な生き物でした。甲羅をせおって、のそのそとあるくユーモラスな姿は、ほかのどんな生き物とも違っています。

魚や昆虫などとくらべると動きが緩慢で、陸を歩いている場合は子どもでも難なくつかまえることができるのです。それはもう格好の遊び相手。つかまえる、というよりは、拾って帰る、に近い感覚でしょうか。しかもメダカやザリガニなどとくらべると見かける頻

うちに来て間もない頃の
サヨイチ。
孵化後半年以内とおもわれます。
左に写っているのが
人間の親指。
こんな時代もありました。

度は低いので、出会った時のよろこびもひとしお。近くに住む同世代の子どもたちのあいだで、それぞれの「亀自慢」をした思い出もあります。

そうしてつかまえてきては、しばらく家の庭で眺めていましたが、トロ舟というのはわりと浅いので、いつのまにか脱走していなくなるということもしばしばでした。家の裏が田んぼだったので、そこへ帰っていったのだろうと思います。ほかのところにも書きましたが、亀は不思議と方向感覚の冴えた生き物なのです。

かつては、ごく当たり前に亀が暮らしていた家のまわりの環境も、現在ではすっかり変わってしまいました。水田はまだわずかに残っていますが、おそらく野生のクサガメはもうほとんどいないのではないかと思います。

我が家のサヨイチくんも、まだ3センチくらいの頃に、ホームセンターのペットコーナーで買いました。700円でした。いまはそんな出会いのほうが多くなってきているのでしょう。

ところで、ときどき我が家にいる亀をみて「亀って動くんですね」と驚かれることがあります。四つ足の生き物なので動くのは当然なのですが、あの石のようにも見える甲羅のせいでしょうか、い

子どもの頃の近所の様子。
田んぼの藁で基地をつくって
遊んでいました（左側の小さいのが著者）。
いまはこのすぐうしろに国道が走り、
ホームセンターや
家電の量販店などが立ち並んでいます。

ままであまり興味を持っていなかった人にとっては、どこか、生き物であるという感覚が薄かったのかもしれません。

たしかに、亀といって思い浮かぶのは、じっとしている姿や「もしもしかめよかめさんよ」の歌にも歌われる「のろま」という印象です。ほんとうは意外に歩くのも泳ぐのも速いのですけれど。

それと「鶴は千年、亀は万年」というあの文句。万年なんて、現実にはありえない言葉を自然に受け容れているわたしたちの精神風土の中には、どこか架空の生き物のような、自分たちとはまるで違う次元に生きているものというような感覚があるのでしょうか。良くも悪くも、あまり関心をもたれない、放っておかれがちな存在です。まるで石のように。

ただ、亀が好きな人にとっては「石みたい」という形容は決してネガティブな意味ばかりではなく「(石みたい)だからいいんだけどね」という気持ちがなきにしもあらず。少々乱暴な言い方になりますが、鉱物や化石に感じる魅力とどこかしら通じるところもあるような気がします。硬質で、容易には変質しないもの。それに対する憧憬。そんなところもあるのではないかと思っています。

友人夫妻の子ども、
もすちゃんと
つぶさんとの遭遇。
ここまで近づけるのも
亀の魅力のひとつです。

子どもと甲羅

まだ、やっと「わんわん」「にゃんにゃん」を覚えたばかりのような小さな子どもでも、「これは？」とうちの亀を指差すと「かめさん」と即答してくれることが少なくありません。

何か、本能的に気になる存在のようなのですが、それは、やはりあの甲羅。生まれてきて、まだ年数の浅い子どもにとって、外界との接触を遮断して一時的に自分の中に閉じこもることができる甲羅の機能はかなり魅力的にうつるのではないかと思います。「いいなあ」とうらやましく思っているのかもしれません。

また、少し大きくなった男の子にとっては、装甲車や変形するロボットのようなイメージからか、何か胸ときめくものがあるようす。のそのそ歩く亀を見て「かっこいい！」と目を輝かせるのはたいてい男の子。そういえば、同じように殻に引っ込むヤドカリやカタツムリなどよりも、亀のほうがどことなくメカニカルです。

そもそも、出たり引っ込んだりできること自体が不思議。なんで

亀の真似。
大人は考えもしない
仕草です。

あんな形なの？　ということには、子どもでなくても興味をそそられます。

以前、亀の出てくるお話をいろいろと探してみたところ、その大半は絵本や児童文学でした。よく知られた伝説や昔話の題材になっているせいもありますが、あのユーモラスな姿、のんびりとマイペースな様子、そして何よりいつでもどこでも甲羅の中に隠れられるという安心感。亀は、子ども向けのお話に登場させる生き物として適役なのでしょう。そういえば、お話の中の亀はよくおしゃべりをします。意外に擬人化されやすいところも、子どもたちが親しむきっかけになっているのかもしれません。わたしも、お絵描きの時間には亀の絵ばかり描いていました。

ところで、こうして大人になったいまも、相変わらず亀が好きな自分のことを考えてみると、さすがにそのままの憧れや不思議な気持ちだけではなく、共感と言えばいいでしょうか。あの、どこか寂寞たる孤独を思わせる存在が、人の中にもある孤独に触れて、むしろほっとさせてくれるような、そんな、子どもの頃とはまた違った感覚で接しているように思います。

苔の上を歩く
ホルスフィールドリクガメの
子ども。
亀版アイドル写真のつもりです。

亀のかわいいところ

「亀って、いいよね」

「うん、いいよねえ」

亀好き同士で、ときどきこんなやりとりをします。

でもそれ以上、具体的に何がどういいのかについて話すわけではなく、ただ互いに満足げな顔でうなずき合うだけ。実際、この「いい」という感覚を言葉にするのはなかなかむずかしいのです。

もちろん、その中には「かわいい」も含まれているのですが、それればかりではない、何かもっと地味でひっそりとした安心感のようなものもあるかもしれません。

まずここでは、わたしの思う「亀のかわいいところ」を挙げてみたいと思います。

亀のかわいいところ

●「**あしだらり**」
たぶん前方も
だらりとしているはず。

●「**てのひら**」
淡水生の亀の手のひらは、
すこしぷっくりとしています。

●「**おしり**」
亀の後ろ姿が好きという人も多いです。
なんだかおむつをしているみたい？

●「**あくび**」
亀のあくび。
とてつもなくのんびりとした
光景です。

●「**亀卍**」
リラックスしているときは、
なぜかこんな形に。

「足跡」
尻尾の長いイシガメやクサガメだと、
この真ん中に尻尾の跡もつくので
さらにかわいいです。

「年寄りくさい」
生まれて1年が
たったばかりのちょきさん。
まるで温熱治療中のようです。

ミルさんの猫パンチ炸裂。
いちおう
「びくっ」としますが、
すぐに気を取り直して
ひきつづき前進します。

甲羅をせおって2億年

日なたに寝そべっている猫に向かって、クサガメのサヨイチくんがじりじりと近づきます。猫は、尻尾の先をぱたりぱたりと動かしながら、しばらくは気づかないふり。機嫌がよければ、そのまま、尻尾の先で遊ぶ亀の相手をしてやりますが、機嫌が悪い場合は「もう！ うっとうしいのよっ」とばかりに猫パンチが炸裂します。

亀のほうも、それは充分に想定ずみなので、猫との距離が30センチくらいに縮まったあたりから、頭だけを引っ込めお尻を高くあげる独特の姿勢で前進。こうしていれば、たとえあの猛スピードの猫パンチが飛んできたとしても、ぱふっと甲羅の端をかするだけなので安全です。

どんな動物でも、危険を感じると反射的に頭を引っ込める動作をしますが、亀ははじめからその頭を隠した状態でも動くこともできるのですから、まったく変な生き物だと思います。実際、頭を引っ込めたまま前進する姿はなかなか不気味なもので、猫らも気味悪が

似ている!?

亀と鳥とは近縁であるともいわれています。そういえば横顔が似ているような気がしませんか？

クルマサカオウムの横顔。
写真提供：TSUBASA

ホルスフィールドリクガメの横顔。

って、しまいには逃げ出してしまうのです。防御とは最大の攻撃である、とでも言いたくなるほどです。

いまから2億年ほど前になる三畳紀、それまでの古いタイプの四つ足の生き物が衰退し、新しいタイプの爬虫類があらわれました。亀も、その時代に恐竜（および鳥類）やワニなどといっしょに発生しました。

そしていまにいたるまで、ほとんどその時のままの姿で生き続けているのです。

亀といえば連想する「マイペース」という言葉の通りですが、でも考えてみればこれはものすごいこと。なにしろ恐竜時代でも現代でもマイペースでいられるということなのですから。

亀は、その進化の様子もやっぱり変わっています。

進化とは、生存競争の中で生き残るためになされるものですが、普通それは、より高い攻撃力を身に付け外敵を倒すか、もしくは、より速いスピードで外敵から逃れるか、たいていこのどちらかを考えるものです。

ところが亀は、そのどちらでもない、その場を動かずにじっとしたままやり過ごすという道を選びました。そのために発達したものが、あの硬い甲羅です。

戦うのも逃げるのもあんまり向いてないのよね、と自らの中に身を隠す道を選んだという、じつに斬新で、でもどこかぐうたらな印象のぬぐえない生き物。それが亀なのです。

でも、まさか2億年以上もたって、畳の上で猫パンチをくらうとは思っていなかったでしょうけれども。

水辺に棲んでいた古代の亀はこんな感じ??
進化の過程で「甲羅の中に隠れてやりすごす」という道をみいだしました。

毛布の隙間からこんばんは。

重ねた座布団をめくると、
よくこうしてくつろいでいます。

亀の好きな場所

「あれ、サヨちゃんは？」「うーん、しばらく見ないけど」

我が家でよく交わされる会話です。

部屋の片隅に積まれた座布団の下、洗濯してたたんである衣服の隙間や、冬場ならホーム炬燵の周囲など、サヨイチくんの気に入っている場所を順に見てまわると、たいてい、そのうちのどこかで眠っているか、くつろいでいるかしています。

「家の中で行方不明にならないの？」そうよく尋ねられますが、ある程度の大きさになれば、入り込むことのできる隙間も限られますし、人や猫と同じように「自分の好きな場所」というものが亀にもあるので、これまで、あまり困ったことはありません。水槽の中でも、すっぽりと隠れられるシェルターの中で寝ていることが多いので、基本的には薄暗くて狭くて暖かい場所が落ち着くようです。

そしてもうひとつ、好きというより、無くてはならないのが太陽のあたる場所。亀というのは、ソーラーパワーで動いているような

亀も猫も、気持ちのいい場所は似ています。
近所の白猫とは、もうだいぶ馴染みになりました。

ものなので、これなくしてははじまりません。夏場は店の裏庭で自由に暮らしているリクガメのつぶさんも、太陽の向きにあわせ、一日中少しずつ少しずつ移動して、そしてついに日が陰る夕方になると、亀階段を使って帳場へ戻ってきます。

亀が寝ている姿をはじめて見た人は、たいていびっくりします。手足も首もだらりと伸ばした、その呆れるほどの脱力ぶり。亀といえばいちばんに思い浮かぶのが甲羅に引っ込むという特性ですが、でもこれは何か身の危険を感じている時だけで、そうでなければ意外にのびのびと伸びています。

眠る時間帯はまちまちですが、夜目はあまり利かないようなので、一部の夜行性の亀をのぞけば、基本的には夜眠るようです。

目が覚めた亀は、眠そうな目をしながら、両の前脚で交互に鼻先をこすり、そしてしばらくぼんやりとしてから、たいていはあくびをひとつ。亀のあくび。世の中にこんな平和でのんびりとした光景もなかなかないと思われる、すばらしい瞬間。ちなみに、まぶたは下から上に向かって閉じます。

それにしても、亀というのは、水の中でも布団の中でも眠れるのですから、なんだかすごいと思うのです。

Macのアダプタは、
ことに具合がいいようです。

暖かい場所が好き

なぜかチリトリの中が好き。
ゴミが入っていても、いなくても、
よくこの中で寝ています。

夕方になると
よく帳場に遊びに来る
タマ夫とシマ子。
古本が積み上げられた迷路を
難なく歩きまわります。

店にいる亀

「うわっ、置物かと思ってたら動いた」

ときどきそう言ってお客さんが驚きます。

わたしの開いている古本屋で数匹の亀を飼っています。そのうちの何匹かは店の中と裏庭とを自由に行き来できるようにしているため、いつのまにか帳場の畳の上に上がってきてくつろいでいることがあるのです。

畳に亀。店の中に充満する古本のにおい同様、わたしはもうすっかり慣れていて、なんとも思わないのですが、傍目にはかなり奇妙な光景に映るよう。

亀たちが帳場と裏庭との間にしつらえた亀専用階段を利用して上がり降りする様子に目を丸くされる方も少なくありません。ただ、上がるのはともかく、降りるほうは「滑り落ちる」と言ったほうが正しいのですけれども。

日本に棲息している亀は、ニホンイシガメやクサガメなど、ほ

裏庭へ出たいうちの亀と、
帳場に入りたい近所の猫との遭遇。
ちょっとした緊張感が生まれます。
左横にあるのは亀形の“蚊とり豚”。

とんどが川や沼地などに棲む水棲傾向の強い淡水のカメの仲間。「亀」といって、わたしたちがイメージするのは、やはりそんな姿です。中には「水から出ていて大丈夫なんですか？」と心配される方もあるくらいです。

でも、日本にいる亀はたいてい半陸半水棲の生活をしていて、実際、水場と陸地を自由に行き来できる環境にしていると、こんなふうに、乾燥した陸地にいる時間も意外に長いのがわかります。

いろんな人の出入りがある店で亀を飼っているうちに、見ず知らずの方からそれぞれの亀体験を伺うことも増えました。

「子どもの頃飼っていた亀がいつのまにか逃げてしまった」「冬眠に失敗して死んでしまった」という話はやはり多いのですが、「2年ちかく前に家の中で行方不明になった亀が、引っ越しの時に動かした簞笥の裏から無事に出てきて、そのままいっしょに引っ越した」とか、「うちの亀は呼んだら来るよ」とかいう話も。

またある人は、家の近くの川には、自分が精神的にまいっている時にばかり出合う大きな亀がいて、でもさすがにいまは出て来てはくれないだろうなと思っていた2月の寒い日にも、ゆらりと水面にあらわれたことがあるんだという、ちょっと不思議な話も聞かせて

お客さんのひざに
登ろうとするつぶさん。
亀もあたたかくて
やわらかいところが好きです。

くれました。その亀の特徴をきいてみると、どうやらミシシッピアカミミガメのようなので、アカミミさんなら、そんな季節に活動することもありうるなと思います。

ところで、店のおなじみさんや、観光で来られるお客さんの中には外国の方もおられるのですが、亀の姿をみとめた途端、瞳がハートマークになるのは、断然ヨーロッパの方。

監修の矢部先生も「そういえば、ドイツの人は亀を育てるのが上手いなあ」と言われていました。亀に対する興味にも国民性のようなものがあるのでしょうか。

亀階段、降りますっ！

うちの亀階段。
数匹の亀が利用しています。
下をのぞき込み、決意を固めます。

ずるずるずる…と滑り落ちます。

トコトコトコ。

亀が鳴く

甲羅の中に隠れる亀。この鼻先をつつくと、
「しゅっ」という音をたててさらに引っ込みます。

「ぷしゅっ」

帳場で店番をしていると、ときどき机の下のほうから、こんな音が聞こえます。これは店で放し飼いにしているホルスフィールドリクガメのつぶさんから発せられたものです。

鳴き声ではなく、鼻息、といえばいちばんイメージしやすいでしょうか。擦過音（さっかおん）というのですが、伸ばしていた首を引っ込める時、肺の中の空気が一気に押し出されるために出る音です。この擦過音は、交尾の時など、何か亀自ら行動を起こそうとした時にも自然に発せられます。その場合は「ぷしゅっ」ではなく「かっかっかっ」という感じ。体の大きなゾウガメなら「ごぉーごぉー」。

このホルスフィールドという亀は、もともと暑いといっては眠り、寒いといっては眠ってやり過ごす性質らしく、一年中そこいらで寝ています。

必死で亀階段をのぼる、
つぶさん。
途中で猫に追い越された時なども、
びっくりして
「ぷしゅっ」といいます。

特に酷暑酷寒期ともなると4日も5日も起きてこないこともざらなので、ふとその存在を忘れることもあるくらい。でも時折耳に届くこの「ぷしゅっ」のおかげで、「ああ、そうだった、そうだった」と机の下に顔を突っ込んで所在確認をしたり、ひっぱり出して少し日光浴をさせたりしています。

ところで、日本の俳句の季語にもある「亀鳴く」。春をあらわします。おぼろ夜の水田で亀が高い声で鳴く、というのですが、亀には声帯がないので、鳴くことはできないはず。実際に使われる場合も、諧謔《かいぎゃく》や即興的なあそびの要素が強いようです。

ただ、「でも確かに鳴くのを聞いたことがある」という意見は根強くあるのですが、そんなやりとりに対して、ある老齢の俳人が「おのれ正に聞たりとあるのだから、亀鳴くは確かでしょう。田舎の春の夜の情景を想像するだけでのんびりしてきます」と答えたのだそうです。これにはわたしも思わず頬がゆるみました。

また、腹の虫、ではないでしょうが、「きゅるきゅる」というような胃の鳴る音がきこえることもあります。

コラム 1

蓑《みの》亀《がめ》

鶴

亀をあしらった掛け軸などで見かける「蓑亀」。お尻のあたりにふさふさと毛を生やした亀のことです。あの毛は、ある条件の下で生える藻の仲間で、広い意味では苔ともいえます。おめでたい意匠とされているのは、おそらく、あの毛の部分が翁の白いあごひげ（＝長寿）を連想させるからなのでしょう。

亀好きでも知られる博物学者の南方熊楠が、実際にクサガメをもちいて実験したことがあるそうですが、結果それなりに「完成」したものの、いずれも普通に飼っているほかのクサガメよりも短命であったということ。甲羅に藻が生えてしまうくらいですからおそらく、かなりよどんだ水の中で飼うのでしょう。わざわざ生やすのは気の毒なようです。

それにしても、長寿を連想させる蓑亀が実際には短命であったというのは、ずいぶん皮肉なもの。ただ、自然に「蓑亀」化した野生の亀が短命かどうか、ということについてはよくわかりません。

それから、カブトニオイガメなど、ニオイガメの仲間

飼育用の池でみかけた
クサガメの「蓑亀」。

は、普通に水替えをしながら飼っていても、とても苔（厳密には「藻」）が生えやすいのですが、いつも「蓑亀、と言えないこともないか」と思いながら眺めます。姿形は、日本のあの意匠とはずいぶん違うのですけれども。

カブトニオイガメ。
蓑亀のイメージとはかなり違いますが、
背甲一面に苔（藻）が生えています。

第2章

亀のひみつ

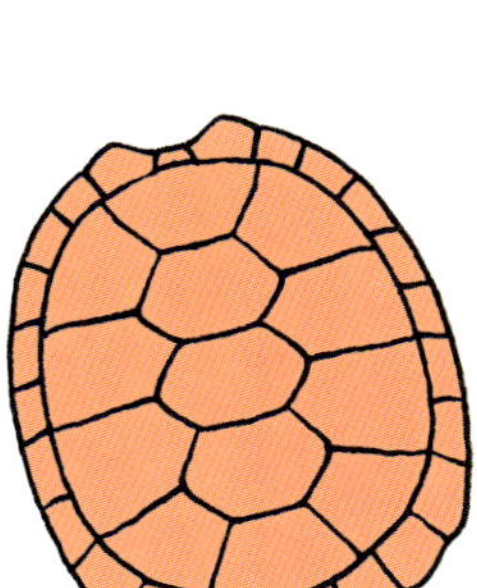

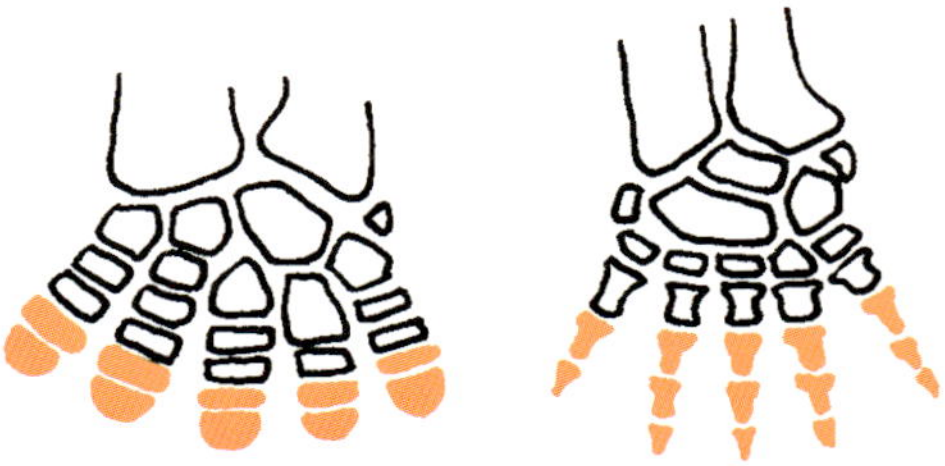

陸生のカメと淡水生のカメの
指の骨くらべ。
陸生は重たい体を支えるため、
太く短く、骨の数も少なくシンプルに。
淡水生は大きな水かきをつけるために
長くなっています。
（図は、obst.1988 をもとに改変）

いろいろな亀（淡水、陸、海）

亀は棲息場所で分けると、淡水のカメ、陸のカメ、海のカメの3つに分けられます。日本国内、およびその近海に棲息しているのは、このうち海のカメの仲間と淡水のカメの仲間で、陸のカメはいません。川や池などでみかけるニホンイシガメやクサガメ、外来種のミシシッピアカミミガメ（小さい頃は一般にミドリガメと呼ばれているもの）などは、すべて淡水のカメの仲間です。

淡水のカメ

日本の本州、四国、九州に棲息する在来種は、すべてこの淡水生のカメの仲間。わたしたちには最も馴染みぶかい亀です。お寺の池などで甲羅干しをしている姿は、見覚えのある人も多いかと思います。山地の谷川や池から水田、都市部の河川までの幅広い環境で、半陸半水生の生活をしています。世界各地に分布しており、その生態や外見も多種多様。日本にいるのはこのうちの「イシガメ科」と

潜頭類

甲羅の内側に引っ込みます。クサガメやイシガメはこのタイプ。世界中の亀、約300種のうちの4分の3がこの潜頭類です。

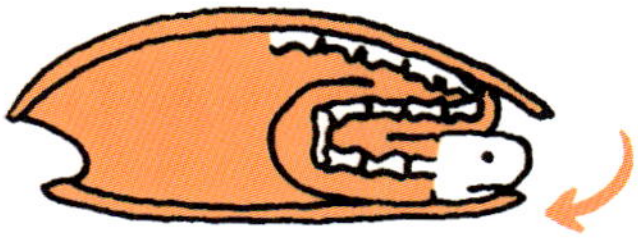

曲頭類

甲羅に沿って収納されます。このタイプはすべて淡水ガメの仲間。首が長く素早くのびるので、エサを捕るには便利ですが、横側からのガードが甘いので陸上生活はむずかしい形態です。

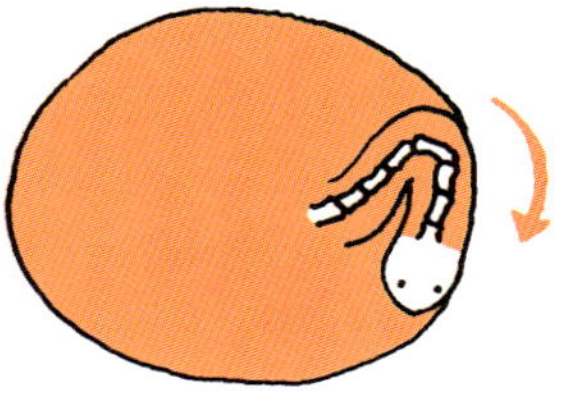

亀知識　木のぼり亀

さすがに樹上生活の亀はいませんが、オオアタマガメなど木のぼりのうまい亀はいます。

「スッポン科」の仲間です。

多くは雑食性で、魚や貝、ミミズなどが好み。

この淡水生のカメの仲間は潜頭《せんけい》類と曲頭《きょっけい》類に大きく分けられます。要するにくびの曲げかたの違いです。日本にいる亀はいずれも潜頭類で、くびは縦向きのS字型に曲がります。曲頭類は、オーストラリアなどに棲息するチリメンナガクビガメに代表されますが、こちらはまるでヘビのように長いくびを水平に曲げ、それを甲羅の縁にそって収納するといった状態になります。

陸のカメ

草原や砂漠、岩場などに棲む陸生の亀です。水かきが発達しておらず、泳ぐことはできません。

現在日本に陸生のカメは棲息していませんが、沖縄本島の地層から、オオヤマリクガメの化石が見つかっているため、いまから2万年ほど前にはいたようです。

砂漠のような寒暖の差の激しい乾燥地帯から熱帯雨林まで、幅広い環境に棲息しています。食性は草食、もしくは草食性の強い雑食。菜っ葉や果物、キノコ、昆虫などを食べます。

アカウミガメの赤ちゃん。

ゴファーガメ。

丸っこい甲羅、うろこに被われた頑丈な手足に黒目がちのつぶらな瞳。そして気持ちばかりついているような短く愛らしい尻尾。亀にあまり興味のない人や、爬虫類は苦手という人からも「かわいい」「おもしろい」と歩み寄りがみられがちな姿をしています。

海のカメ

産卵の時以外は上陸しない、完全な水生種の亀。もともとは陸で生活していた亀が海に生活の場を移し、次第に水中生活に順応した体になった種類です。

日本近海にはアオウミガメ、アカウミガメ、タイマイ、オサガメの4種類が回遊していますが、このうち産卵のために上陸するのは、アカウミガメ、アオウミガメ、タイマイの3種類。

甲羅の中に手足を引っ込めることができないため、頭部や手足も角質化した頑丈なうろこでおおわれています。

食性は、クラゲ、魚介類、甲殻類、軟体動物など、動物質のものが中心ですが、アオウミガメについてはほぼ草食で、海藻などを好んで食べます。

オサガメはクラゲ専門、アカウミガメは貝やフジツボ、アオウミ

亀知識　ワニと亀

いまから２億年ほど前、ほぼ同時期に発生したワニと亀。進化の過程で、水辺の淡水大型肉食動物の地位を保ち続けてきたワニをスペシャリストとするならば、海に砂漠に湿地にと「適応放散」していった亀はジェネラリストといえそうです。

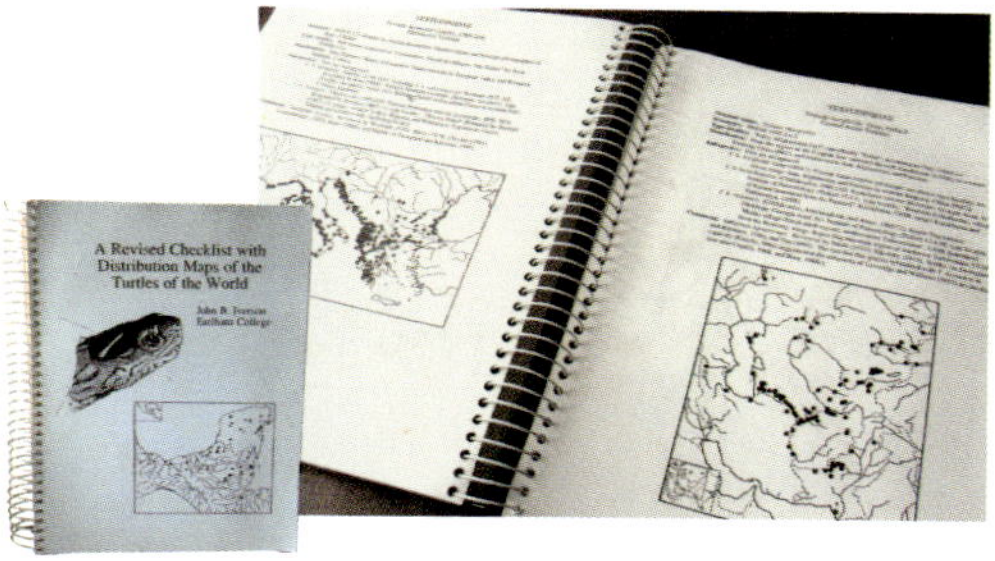

『A Revised Checklist with Distribution Maps of the Turtles of the world』世界の亀の分布図です。ただの黒い点を眺めているだけで、「そうか、あの亀たちはこんなところにいるのだなあ」とうっとりした気持ちになります。右に写っているのが、うちにもいるホルスフィールドリクガメの分布図。

ガメは海藻、タイマイはカイメンやイソギンチャクと、それぞれ食べるものが決まっています。

亀は、南極以外のすべての地域に分布しており、海にも陸にも河川にも沼地にも、熱帯から亜寒帯の低地から高地に、そして食性も雑食から草食、肉食に特化したものまでじつに幅広く存在しています。いずれも甲羅をせおったあの姿で。

多様といえば多様ですが、規則性がないといえば規則性がありません。この規則性のなさというのは、亀という生き物の生態を知れば知るほど深まる認識。このどこかいいかげんにさえ見える生き方は、移り変わる時代や環境の変化を横目に２億年も前から、あまり姿を変えることなく生き続けて来られた理由だろうと思います。

手許に、世界の亀の分布図をまとめた洋書があります。ひとつの亀につき１ページ、学名、俗名、タイプ別の産地などの記述とともに、その分布が地図上に黒い点として記されているだけのものですが、それぞれの姿を思い浮かべながらページをめくっていくうち、おもいはローマに、マレーシアに。亀の甲羅に乗って世界旅行。いつまでも眺めていられる一冊です。

お寺の池にいた
ニホンイシガメとクサガメ。

日本にいる亀（ニホンイシガメ・クサガメ他）

●カメ目イシガメ科
ニホンイシガメ

ほっそりとした手足に小さな顔。黒目がちの瞳に品のある表情。背甲は褐色から黄色やオレンジ、と微妙なグラデーションのあるものが多く、思わずみとれてしまいます。ある人が「ニホンイシガメは淡水生のカメの中で最も美しい亀だと思う」と言っていました。わたしも同感です。

ニホンイシガメは、日本固有種。本州、四国、九州にしかいません。背甲の後縁、いわゆるお尻のあたりの甲羅の縁がギザギザになっているのが特徴です。

クサガメにくらべるとやや神経質で俊敏。水中ではかなりのスピードで泳ぐ、泳ぎの上手い亀。山麓部の谷川や池沼、河川の上流域から中流域の水の澄んだところに棲息しており、低温にも強い性

ニホンイシガメ。
黒目がちの
端正な顔立ちをしています。

ニホンイシガメの特徴

腹甲はほぼ真っ黒ですが、
この肛甲板の端に
オレンジ色の斑があるものもいます。

- 背甲のお尻のほうの縁がギザギザしている。
- 背甲の隆起（キール）は一本。
- 背甲の色は褐色〜黄土色。
- 腹甲は黒で、肛甲板の端にオレンジ色がみられるものもいる。
- 手足がほっそりとしていて頭が小さめ。
- 比較的低温に強い。
- 河川の上流域〜中流域の水の澄んだところに多い。
- クサガメとくらべると神経質。
- 甲長、オス 13 センチ、メス 20 センチ。

お尻のあたりの背甲の縁が
ギザギザしています。

大きいほうがメス、小さいほうがオス。
ニホンイシガメは
雌雄差が大きいのも特徴です。

子どもの頃は落ち葉のようにも見えます。
捕食されにくくするための擬態でもあるようです。

質。雪の上を歩いていた、という目撃例もあるくらいです。

わたしの店で飼っているむいちゃんもこのイシガメ。小さな頃は神経質で、常に物陰に隠れているような状態でしたが、3年目くらいから急に馴れてきて、いまは人影をみると寄ってくるようになりました。

ただそれも、クサガメにくらべるとどこか気まぐれなところがあり、監修の矢部先生が言われていた「クサガメは犬的、イシガメは猫的」という言葉を思い浮かべます。

亀は、メスよりもオスのほうが小さい種類が多いのですが、イシガメは特に雌雄の差が大きいのが特徴です。ニホンイシガメはメスがオスの約4倍。メスが甲長20センチ、体重1キロ程度に対し、オスは甲長12~13センチ、体重300グラム程度しかありません。

また現在ペットショップなどで「ゼニガメ」として売られているものはクサガメであることが大半ですが、本来はこのイシガメの幼体のこと。色といい、ほぼ正円の形といい、ほんとうに古いコインのようなのです。

クサガメ。
これは頭の大きいタイプで、
独特の愛嬌があります。

●カメ目イシガメ科
クサガメ

国産種の亀で、いちばんポピュラーなのがクサガメでしょうか。わたしは愛情をもって「巷亀《ちまたがめ》」という勝手な言葉で呼んでいます。国産といっても、いまは中国などから輸入された個体も増えているので、あまり厳密なものではありませんが、昔から、川や田んぼ、お寺の池などにいる黒っぽい亀のことです。

物おじしない、おっとりとした性格で、飼い主のあとをついて歩くエピソードもあるほど、人にもよく馴れます。

平地の池沼や河川の開けた止水域など、水の流れのゆるやかな場所に多く棲んでいます。

背甲は茶褐色で、縦に3本のキールと呼ばれる隆起があるのが最大の特徴。黒縁の黄色い線や斑の模様がありますが、雄の場合は、大人になると黒化してこの模様が消えていきます。

また、ひどく頭が大きくなる（巨頭化する）個体もいます。

食性は雑食で、大きくなるとタニシやザリガニなどをかみ砕いて食べることもあります。

オスのクサガメは大人になると
全身が黒化します。
色黒で美形のクサガメ。

我が家のサヨイチくんも、このクサガメ。うちにいる亀たちの中では、やはりいちばん人懐こく愛嬌があります。

そして、生後3年くらいから徐々に黒化しはじめ、現在ではすでに真っ黒。顔や手足、甲羅はもちろん、瞳まで黒くなるため、亀好き同士、よく「いいよねえ、クサガメのオス。目がくりっくりになってかわいいよねえ」と頷きあったりするのです。

やはりメスよりもオスのほうが小さいです。

クサガメという名前は、イシガメ（石亀）に対して「草亀」と思われがちですが、野生では四肢の付け根あたりにある臭腺から独特の臭気を発するという特徴から「臭亀《くさがめ》」なのだとも言われています。

●カメ目スッポン科

スッポン

英語でソフトシェルタートル。甲羅のやわらかい亀。まさにその通りです。平べったくやわらかい皮膚におおわれた灰褐色の体と長い首が特徴です。食用にされることも多いので、わりあい馴染みのある生き物ではないかと思います。

スッポンの学名Trionychoidae（トリオニキダエ）は、ラテン語で3

首筋にある
黒縁の黄色い模様が特徴。

背甲には縦に
３本の隆起（キール）があります。

クサガメの特徴

子どものうちはしっぽが長い。

- 背甲に３本の隆起（キール）がある。
- 背甲の色は茶褐色〜黒。
- 首のわきに黒縁の黄色い模様がある。
- オスは大人になるとメラニン色素が増加して全身が真っ黒になる（黒化）。
- 河川の中流域〜下流域など、水の流れのゆるやかな場所に多い。
- 性格はおっとりとしていて、人にも馴れやすい。
- 甲長、オス 18 センチ、メス 25 センチ。

スッポン。
甲羅は皮膚のように
やわらかい。

本の爪という意味。スッポンといえばやわらかな甲羅が何よりの特徴と思われがちですが、じつは爪の数にも特徴があります。

カワガメと呼ぶ地域があるように、クサガメなどとくらべると格段に泳ぎが巧みで水中生活に適しています。

在来のものは、本州、四国、九州に分布しており、沖縄のものはすべて中国や台湾から移入したものであることがわかっています。

ふだんは水底の砂や泥にもぐっていることも多く、その地味な体色もあいまって野外で何気なく視界に入ることは案外少ないようです。

わたしも子どもの頃から近所の川などでときどきみかけていましたが、人の気配を察するや、あっという間に水の中に姿を消してしまうため、いつも「あ、また逃げられた。ゆっくり見られないなあ」と思っていた記憶があります。

スッポンといえば、いちど食い付いたら離れないという凶暴なイメージもありますが、でもそれは神経質で臆病な性質からくるものなのでしょう。肉食性が強く、エビ類や貝、水棲昆虫などを食べます。

静岡県の浜名湖付近をはじめ養殖場が各地にあります。食用の亀を養殖するということは、世界中でも珍しいことのようです。

こんな顔をしていますよ。

スッポンの特徴

- 甲羅の表面は、ほかの亀のように角質ではなく皮膚のように柔らかい。
- 体の色は灰緑や灰がかった茶。
- 首が長く、シュノーケルのように水面に鼻先だけ出せる。
- 大きな水かきがある。
- 平地の沼や池、河川の中流域〜下流域の砂や泥のある場所に多い。
- 野生のものは非常に警戒心が強い。
- 甲長 25〜 30 センチ（雌雄とも）。

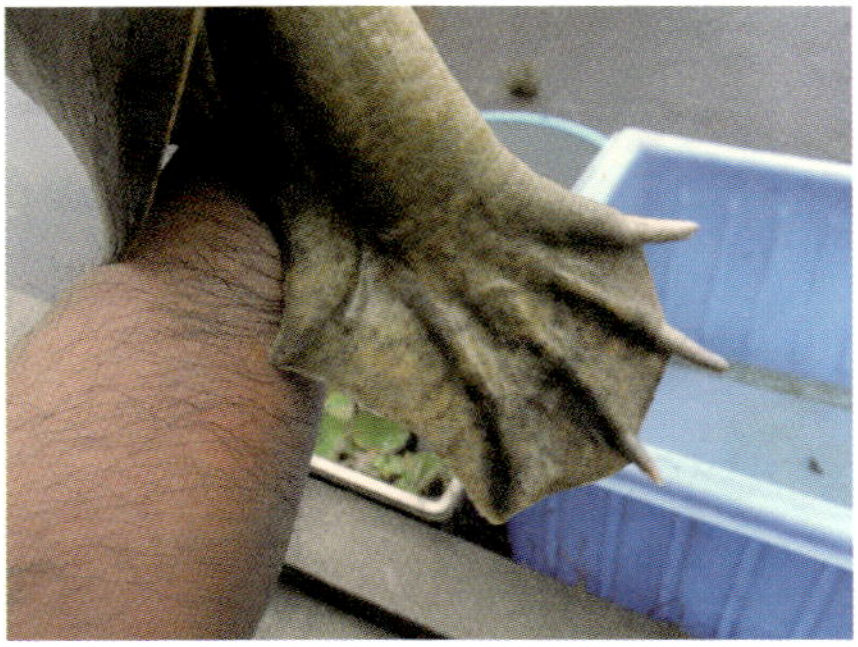

泳ぎが巧みなスッポン。
さすがに立派な水かきです。
３本の爪も特徴。

首はこんなに長く伸びるので、
触るときは気をつけましょう。

うちのヤエヤマイシガメ夫妻。

● カメ目イシガメ科
ミナミイシガメ

みなみ、という名前に反して、国内での分布は近畿地方の一部のみ。この地域のものは、現在では外来であることがわかっており、後述のヤエヤマイシガメとは同種ですが別亜種の関係です。

原産地は中国南部、インドシナ半島北部、台湾。

背甲は茶褐色でやや平べったい形。シロイシガメという呼び名もあるように頭や手足は明るめの灰緑色で、頬に黄色っぽい帯状の模様があるのが特徴。食欲が旺盛で、性格もじつにマイペース。にっと笑ったような口元がかわいい。雌雄の大きさはほぼ同じです。

● カメ目イシガメ科
ヤエヤマイシガメ

最近になって、ミナミイシガメとは別亜種に分類されるようになりました。見た目も似ていますが、ミナミイシガメとくらべると甲羅が平べったく、頬にある黄色い帯状の模様は薄めです。

うちにいるのをみていると、頭の色が鈍いオリーブグリーンで、

ミナミイシガメの特徴

- 背甲の色は黄褐色～茶褐色。
- 手足と頭は明るめの灰緑色。
- 頬に黄色い帯状のラインがある。
- オスとメスはほぼ同じ大きさ。
- 食欲旺盛でおっとりしている。
- 甲長 15～ 18 センチ（雌雄とも）。

ヤエヤマイシガメの特徴

- 背甲の色は黄褐色～茶褐色で、ミナミイシガメよりやや薄い。
- 背甲のシルエットはミナミイシガメより扁平。
- 手足と頭は鈍いオリーブグリーン。
- ミナミイシガメに見られる頬のラインはあまり目立たない。
- 雌雄の大きさはほぼ同じ。
- 甲長 15～ 18 センチ（雌雄とも）。

セマルハコガメの切手。
沖縄返還以前の琉球郵便のもの。

リュウキュウヤマガメの切手。

ザーサイの色に似ているな、といつも思います。ミナミイシガメと同様、手足が太く、食べると美味しいのではないかと思わせるむっちり感も特徴。

雌雄の大きさはほぼ同じです。我が家にいるタマ夫、シマ子夫妻は、メスのほうがひとまわり以上小さく、わたしがふだんみているイシガメやクサガメとは雌雄の大きさが反対なので、なんだか不思議な感じもします。

熱帯、亜熱帯産の亀は、暑さや強い紫外線を避けるためか夜行性のものが多く、うちのタマシマ夫妻も、夏の夜など、かなり遅い時間になってから帳場に遊びに来ることがあります。

● カメ目イシガメ科

リュウキュウヤマガメ

沖縄島北部、久米島、渡嘉敷島に分布する日本固有種。現地ではヤンバルガメとも呼ばれているそうです。山地に棲むイシガメ科の種ですが、陸生傾向が強く、あまり水には入りません。甲羅の縁のギザギザが強いのが特徴。スペングラーヤマガメなど、ヤマガメの仲間はくちばしや目つき、顔つきが特に鳥に似ているなと思います。

リュウキュウヤマガメの特徴

- 背甲の色は赤褐色～黄褐色。
- 背甲には3本の隆起（キール）がある。
- 背甲の首側とお尻側にギザギザがある。
- 山地の林に棲息。
- 水にも入るが陸生傾向が強い。
- 甲長12～15センチ（雌雄とも）。

国指定の特別天然記念物。

ヤエヤマセマルハコガメの特徴

- 背甲の色は群青～黒。中央の隆起に黄色の筋が入るものが多い。
- 頬は鮮やかな黄色で、目の後ろから首に向かって黄色い帯状の模様がある。
- 甲羅は高く、腹甲には蝶番があり完全に箱状になることができる。
- 雌雄の大きさはほぼ同じ。
- 甲長14～17センチ（雌雄とも）。

国産種は国指定の特別天然記念物。
写真は石垣島の個体です。

カロリナハコガメの
「箱」が開く様子。

カメ目イシガメ科
ヤエヤマセマルハコガメ

ハコガメとは、腹甲に蝶番があり、甲羅をぴったりと閉じて箱状になることのできる亀です。

このヤエヤマセマルハコガメは、八重山諸島の石垣島、西表島に分布する日本固有亜種。ニホンイシガメやクサガメとおなじカメ目イシガメ科に属しますが、主に森林や湿地で生活しており、水に入ることはあまりないため、ほぼ陸生種といえるようです。

危険を感じると、頭も手足もすべて甲羅の中に収納し、可動式の腹甲を閉じて外敵から身を守ります。

顔がミナミイシガメやヤエヤマイシガメと似ていて、ちょうどその「箱バージョン」といった雰囲気。

ハコガメは、「ハコガメの仲間」という系統があるのではなく、たとえばリクガメ科、イシガメ科、ヨコクビガメ科などいろんな種の中にそれぞれ箱タイプが存在します。インドハコスッポンというハコスッポンもいるのです。ただスッポンの場合「箱」というよりは「どら焼き」といった風情に思えるのですが。

23年モノのアカミミ3兄弟。
東京の多摩地区在住。

カメ目ヌマガメ科
ミシシッピアカミミガメ

小さな時に「ミドリガメ」と呼ばれているあの亀です。頬の部分に赤い斑紋があるのが特徴。外来種ですが、順応性、繁殖力ともに強いため、いまや日本国内でもっとも当たり前に見かける亀となっています。

北米から中米、南米にかけて分布しているスライダーガメの一種。澄んだ水よりは、開けた河川の止水域など、低地のやや濁った場所に多く棲息しています。耐塩性もあるため、海に近い河口付近で見かけることも。

ミシシッピアカミミガメの旺盛な繁殖力と押しの強さと意外なほどの俊敏さ。これは、原産地での捕食者であるワニに対する「対策」であるようです。これといった外敵のいない、のんびりとした日本のカメが気圧《けお》されるのも道理。

国内でも、在来種であるニホンイシガメやクサガメが生活圏を追われ、その数が激減。深刻な問題ともなっています。

ただ、その原因はひとえに人間の飼育放棄によるもの。

熱気球

◇…名古屋市中心部を流れる堀川で体長五三㌢、体重三七㌔の雄のワニガメ一匹が捕獲された＝写真。数年前から目撃情報が相次いでいた。

◇…名古屋城近くの同市西区で二十日、日本のカメ研究者らでつくる「日本カメ自然誌研究会」の男性メンバーが三人がかりで捕獲。別の一匹も見つけたが捕獲できなかったという。今後はメンバーが所属する愛知学泉大の豊田学舎で飼育する。

◇…捕獲した野呂達哉さん(四二)は「現場はボラなどカメが好む魚が豊富で、心地よかったのだろう」と話した。ワニガメは米南部原産。体重一〇〇㌔以上に達することもあり、怒るとかみつく危険がある。

矢部先生の勇姿。2009年6月23日（火）東京新聞の記事。

きちんと飼いさえすれば、ものおじしない性質で体も丈夫。20年、30年といっしょに暮らしているという例もたくさんみられます。

● カメ目カミツキガメ科
カミツキガメ・ワニガメ

「ほんとは厳しい顔しないといけないのに、なんだかうれしそうな顔してると言われてしまうんですよ」

この本の監修者である矢部隆先生の研究室を訪ねた時、30キロ以上もあるカミツキガメやワニガメを持ち上げてみせてくださりながら、困ったようにそう言われました。

カミツキガメやワニガメは、その名の通り、もともと日本の環境にいる比較的小柄で大人しい亀たちとはまったく違う、大きくて攻撃的な性質をもった亀です。万が一野外で遭遇した場合は、亀というよりはワニ、くらいに思って接したほうが安全。

1980年頃からペットとして輸入されはじめたのですが、成長するにつれて手に余り、世話をしきれなくなった飼い主が池や川

ミシシッピ
アカミミガメの成体。

小さい時に
「ミドリガメ」という商品名で
売られています。

ミシシッピアカミミガメの特徴

- 甲羅の色は、子亀の時は明るい緑、大人になると暗緑色。
- 耳の上に鮮やかな赤い斑がある。
- オスは、メラニン色素の増加により黒化する。
- ニホンイシガメやクサガメとくらべると気性が荒く攻撃的な面がある。
- 食欲旺盛で押しが強い。
- 都市部の池や河川でもよく見られる。
- 甲長、オス20センチ、メス28センチ。

ワニガメは舌の上に
ミミズのように動く
ピンク色の突起があります。
これで「釣り」をするのです。

に捨ててしまうというケースが相次いでいます。

寒さに強く、日本の環境にも充分適応できるため、カミツキガメについてはすでに国内での繁殖も報告されています。

矢部先生は、そんなワニガメ、カミツキガメの危険性と安易な飼育について警鐘を鳴らすべく、新聞や雑誌、テレビなどの取材に応じられることも多いのですが「巨漢のカミツキガメを持ち上げて厳しい顔」でポーズをとらねばならない場面で、つい「うれしい顔してるみたいなんですよね、みんな性格が違うし、かわいくて」と。

そう、いくら彼らが攻撃的な性質をしているからといって、別に「悪い亀」というわけではなく、あくまでカミツキガメはカミツキガメ、ワニガメはワニガメらしい性質を発揮しているだけのこと。下手に手を出せば大怪我を負いかねない凶暴性をそなえているには違いありませんが、でもそれぞれに、食い意地が張っていたり、おっとりしていたり、臆病だったり、と個性もあるのです。

またワニガメの甲羅にある上縁甲板とよばれる部分は、2億年前の亀であるプロガノケリスの化石からも確認されているもので、かなり原始的な形態をしているという点でも大変興味深い存在です。

ワニガメの特徴

- 淡水生で、めったに陸へあがらない。
- 舌の上にミミズのように動くピンク色の突起があり、魚などをおびきよせて食べることができる。
- 肉食性で凶暴。
- 縁甲板が２列になっている部分があり、原始的な形態を保っている。
- 甲羅の中には入れない。
- 最大甲長 80 センチ。体重は 100 キロを超えることがある。

カミツキガメの特徴

- 淡水性で、産卵の時以外はあまり陸にあがらない。
- 肉食傾向で凶暴。
- 急激に首を出して咬みつく。
- 尾の背面にギザギザの突起がある。
- 最大甲長 50 センチ。

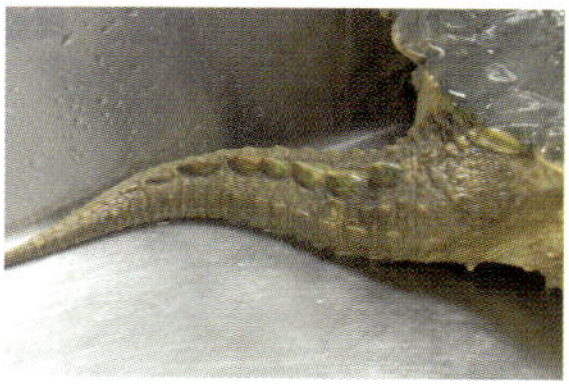

カミツキガメの
尾の背面にある突起の列。
ゴジラみたいです。

この本のイラストを
描いてくださった
三木謙次さんのお宅の
「マンネン」も
うんきゅうです。
よく見るとイシガメでも
クサガメでもありません。

うんきゅう・カブトガニ

「このクサガメみたいなのなに？」

我が家にいるうんきゅうのトチをみた友人が、そう言いながら不思議そうに水槽をのぞき込みました。うんきゅうというのは、主に関西で使われる呼び名のようですが、ニホンイシガメとクサガメの交雑種のことです。

ニホンイシガメとクサガメは、いずれも古くから日本に棲んでいる亀ですが、甲羅の形や顔つきなど、よく見るとずいぶん違いがあります。

見分ける方法は52〜57ページにも書きましたが、イシガメは「目が黒く、頭や手足がほっそりとしていて、お尻のあたりの甲羅の縁がギザギザ」、クサガメは「イシガメにくらべると頭が大きく、首に黄色い模様があり、甲羅には縦に3本の隆起（キール）がある」。とだいたいこんなふうです。

うんきゅうは、この2種類のハイブリッドですから、当然その両方の特徴が混在しています。背甲には3本の隆起があってクサガメみたいだけど、でもひっくり返してみたら、あれ、腹甲は真っ黒で

うちの「トチ」。
以前、知り合いの法医学の先生が
あそびでトチのDNA解析をして
くださったのですが、それによると、
お母さんがニホンイシガメ、
お父さんがクサガメかその近縁種
という結果がでました。

イシガメっぽいね、という具合。うんきゅうの第一世代は、横から見た時に上（背）へいくほどクサガメの特徴が強く出、下（腹）へいくほどイシガメの特徴が出るのだそうです。

ちなみにうちのトチは、甲羅は一見するとクサガメですが、隆起はあまりはっきりしておらず、色もイシガメらしい滲みが見られます。顔立ちや手足の形はほぼイシガメですが、首すじには黄色い模様がありクサガメのようでもあります。

また、わりあい人懐こくおっとりとしたクサガメに対して、すこし臆病で神経質なイシガメ、というようにこの両者は性格の違いもかなりあるのですが、うんきゅうはその受け継ぐ性格も当然ハイブリッド。イシガメよりはやや人懐こいようです。

ニホンイシガメとクサガメは別種で形態や生態にも違いがあるのですが、それでも交雑が可能で、さらにその子も繁殖能力を持つのだそうです。

なんというか、やっぱりそうとう柔軟、というか、いいかげんな生き物。

この２種類による交雑は昔から自然界でもまれにみられ、ひところは「幻の亀」と言われることもありましたが、最近、以前より少

岡山県笠岡市にある
カブトガニ博物館のカブトガニの子ども。
このあたりでは
「どん亀」とも呼ばれます。

し増えたのでしょうか。神社の池などで、それらしい亀をときどき見かけることがあります。これは、もともとイシガメしかいないところへペットとして流通したクサガメが捨てられることが増えたためと思われます。

ところで、九州の一部ではカブトガニのことをうんきゅうと呼ぶそう。カブトガニというのは、生きた化石とも呼ばれる原始的な節足動物で、わたしの住む岡山県南部の沿岸にもわずかに棲息しています。こちらでは「どん亀」という俗称もありますので、おそらくどちらも亀の姿から連想された方言ではないかと思います。

それにしても、うんきゅう。この不思議な音の言葉。

中国では亀のことを一般に「烏亀」と呼び、これは「うーきゅう」「うーくい」「うーぐい」と発音するそうなので、語源はそのあたりではないかという説があります。

うんきゅういろいろ

山陰旅行中にみかけました。
頭のシルエットは
完全にイシガメですが、
甲羅の形や隆起が
クサガメっぽくも感じられます。

うんきゅうのトチの
背甲、腹甲、顔つき。
オスなので、
最近だんだん黒くなって来ました。
これもクサガメらしいところです。

珍しい亀

一度は野生のものと
出会ってみたいと思っている
世界の珍しい亀です。

モリイシガメ
森林に棲息する半陸生の亀。
食欲旺盛で人にも馴れやすい。木登りもうまい。
（カナダ、アメリカ合衆国）

ミシシッピチズガメ
大きな河川などに棲息する
水棲傾向の強い亀。幼体には背甲に
鋸状の突起があるが、成長するにつれて
滑らかになる。魚や貝のほか、
水草もよく食べる。（アメリカ合衆国）

ハナガメ
頸に細くきれいなすじがたくさん
あるのが特徴。河川や池、沼に棲息。
（中国南部、台湾など）

ハミルトンガメ
ごつごつした黒い甲羅に白い斑が特徴。
隆起（キール）は３本。絶滅危惧種です。
（インド、パキスタンなど）

フロリダハコガメ
カロリナハコガメの亜種。陸生が強いが
暑い日には水に入ることもある。
（アメリカ合衆国フロリダ州）

スペインイシガメ
背甲の隆起（キール）はゆるやか、甲板ひとつひとつに斑のあるものが多い。河川や沼地、汽水域にも棲息。（スペイン、フランス）

ヨーロッパヌマガメ
背甲や頭部に斑のある個体とない個体がいる。水草の多い河川や湖沼に棲息。（北アフリカ、ヨーロッパ）

キボシイシガメ
背甲がつるんとして隆起（キール）がない。背甲、頭、四肢に黄色い水玉模様がある。湿地や小川に棲むが陸生傾向が強い。（北アメリカ大陸）

ノコヘリマルガメ
平べったく丸い甲羅が特徴。比較的高地の森林や平地に棲息。陸にもよくあがる。（東南アジア）

リュウキュウヤマガメ
一度はこの目でみてみたい日本固有種。低地の原生林や湿度の高い渓流に棲息。（沖縄島北部）

トウブハコガメ
カロリナハコガメの基亜種。黄色やオレンジの斑紋が特徴。大人のオスは目が赤い。湿地や湿性の草原などに棲息。（アメリカ東部）

セマルハコガメ
ハコガメはみな、腹甲に蝶番があって手足も頭もすべて収納し「箱」になることができます。日本産は国指定の特別天然記念物。（石垣島、西表島、台湾、中国南部）

フロリダアカハラガメ
ミシシッピアカミミガメに近い種類ですが、大人になっても腹甲の模様が鮮やかできれい。日本の気候でも飼いやすい種類なだけに、ぜひとも最後までちゃんと飼ってください。

ヒラリーカエルガメ
頭が大きく、顎に
ふたつの突起（肉髭）がついている。
腹甲は黄色に黒の水玉模様。
食欲旺盛。（南米）

ニシキマゲクビガメ
背甲の縁にピンク、
目の後ろの黄色いラインがあるのも特徴。
腹甲がピンクのものもいる。
（ニューギニアなど）

オーストラリアナガクビガメ
ナガクビガメにしては顔が小さく頸も短い。
比較的おとなしい。
（オーストラリア）

コウホソナガクビガメ
曲頸類最長の頸。「その太く長い頸はどうするのだ」と心配になるくらい甲羅が細く小さい。比較的大型。
（オーストラリア）

マコードナガクビガメ
インドネシアのロティ島のみに棲息。
水田や湿地でみられる。（インドネシア）

クロハラヘビクビガメ
腹甲が黒く頸にトゲがあるのでこの名前。
湿地に棲む半水棲の亀。（南米など）

トゲスッポン
大人になると背甲の前（頸のうしろ）に
トゲがでてきます。メスのほうが大きい。
（アメリカ合衆国など）

マタマタ
見た目の変わった亀代表。
水中生活が基本です。マタマタとは
トュピ語で皮膚という意味だそう。（南米）

スッポンモドキ
鳥が飛ぶように水中を泳ぐ。豚鼻がかわいい。
淡水生で完全な水棲（産卵時以外）はこの種類
だけ。（ニューギニア、オーストラリア）

ヘルマンリクガメ
地中海性気候の比較的乾燥した地域に棲息。
草食傾向の強い雑食で草や果実を好む。
ドーム状に盛り上がった甲羅がかわいい。
寒がり。（スペイン、フランスなど）

ギリシャリクガメ
ヘルマンリクガメによく似ていますが
臀甲板が１枚です。
比較的乾燥した地域に棲む亀。
日本でもペットとして
人気があります。
（ギリシャ、イラン、モロッコなど）

ホルスフィールドリクガメ
リクガメにしては背甲が平べったい。
穴掘りが好き。
冬の寒さが厳しい地域にも
分布している。
（イラン、アフガニスタンなど）

ゴファーガメ
穴掘りに適応した平べったい前肢。
背甲も低めです。
「穴掘りゴファー」の異名も。
（北米～中米）

ガラパゴスゾウガメ
ガラパゴスとはスペイン語で
ずばり亀のこと。
（ガラパゴス諸島）

アルダブラゾウガメ
項甲板があることで
ガラパゴスとは区別できます。
（セイシェル諸島）

ホウシャガメ
放射状の模様からこの名前。
乾燥した森林に棲息。
（マダガスカル南部）

ケヅメリクガメ
日本でペットとしてよく飼われている
「大きなリクガメ」はたいていこの亀です。
（サハラ砂漠周辺）

パンケーキリクガメ
乾燥地帯の岩場に棲息。
天敵を避けるために狭いところに隠れる。
（ケニア、タンザニア）

アカアシガメ
頭や四肢に赤い鱗がある。
高湿度を好む。（中米～南米）

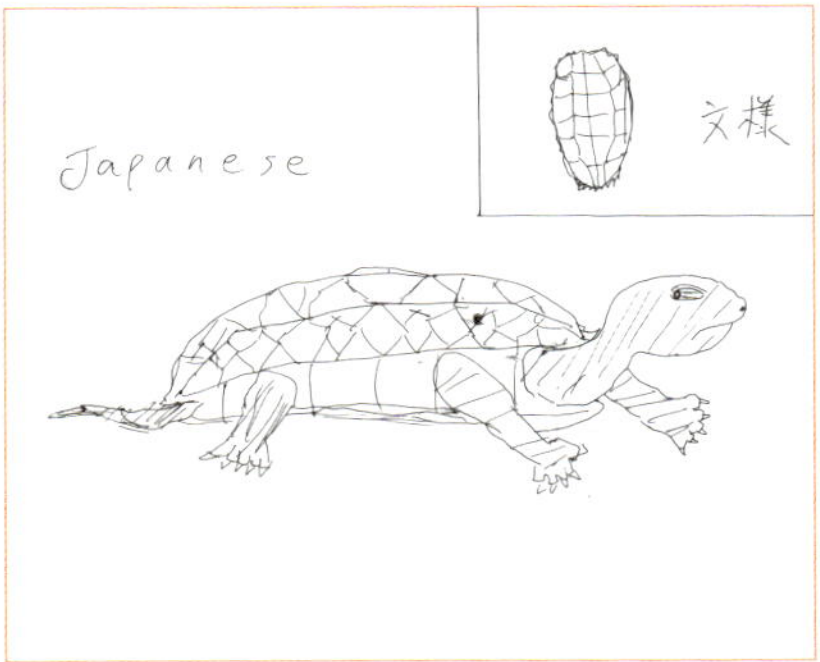

● **飼っている人代表**
何十年飼っていても、見ないで描くのはほんとうにむずかしいのです。
わたしも自信がありません。（絵：山下賢二）

● **飼ったことない人代表**
ガメラ好きということで、意外にも細部までよく描けているのですが、やはり甲羅の枚数が多すぎます。（絵：鈴木卓爾）

甲羅のふしぎ

「亀の絵を描いてみてください」
そう言うと、たいていの人はまず甲羅から描きはじめると思います。これさえ描いておけば、少々下手でもいちおうは亀にみえます。それほど、亀といえばまず思い浮かぶのが、あの硬くて頑丈そうな甲羅。さて、あれはいったい何でできているのでしょう。

表面は甲板とよばれる皮膚が角質化したもので、人でいえば爪に近いでしょうか。その内側にある板状の骨（骨板）と層状になっています。肩や腰の骨が肋骨の内側に入っている（肩の骨と腰の骨は柱のようになり、腹甲と背甲をささえている）という、かなり不思議な体のつくりなのです。また、その内側の甲板と外側の骨板の継ぎ目（甲羅の模様）は少しずつずれていて、より丈夫になるような仕組みになっています。

この甲羅は、背中側が背甲、おなか側が腹甲と呼ばれ、それが橋《きょう》という脇にある甲羅でつながっています。背骨とあばら骨が癒合

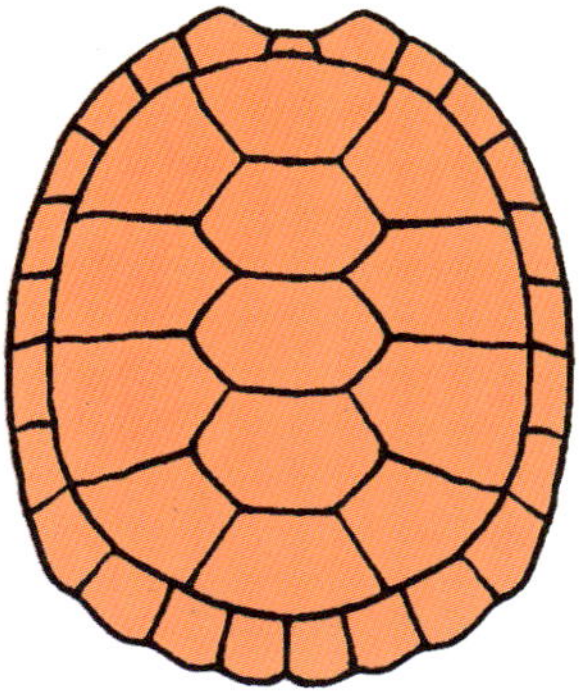

甲羅の模様には、
ちゃんと規則性があるのです。

飼ったことのない編集者
これまで、甲羅の模様など
あらためて見たことがなかったそうです。
（絵：飛田淳子）

し、さらにもっと柔らかい手足や頭などの皮膚ともくっついているため、もちろん脱ぐことはできません。あの堅そうな甲羅も、中身といっしょに成長していくのです。

ですから、いつか漫画などで見たような、びっくりした亀の中身だけがすぽんと抜けてすたこらさっさと走り出す、なんていうことは絶対にありません。

ところで、冒頭の亀の絵。シルエットだけなら、亀に見えない絵を描くほうがむずかしいくらいですが、甲羅の模様（継ぎ目）にはきちんとした規則性があり、思ったより複雑。上手い下手にかかわらず、亀をよく観察して描いたものかどうか、というのは一目でわかってしまいます。

亀の甲羅は、種類によってその特徴もさまざまですが、長生きをする生き物だけに、それが次第に変化していくのも興味深いところ。たとえば我が家のオールドルーキーであるクサガメのこじまも、クサガメ本来の特徴である3本の隆起はほぼ消えて、つるりなめらかな背甲をしています。

亀は、このような経年による甲羅の変化の様子から、おおよその年齢を推測することもできます。

カメの甲羅のしくみ

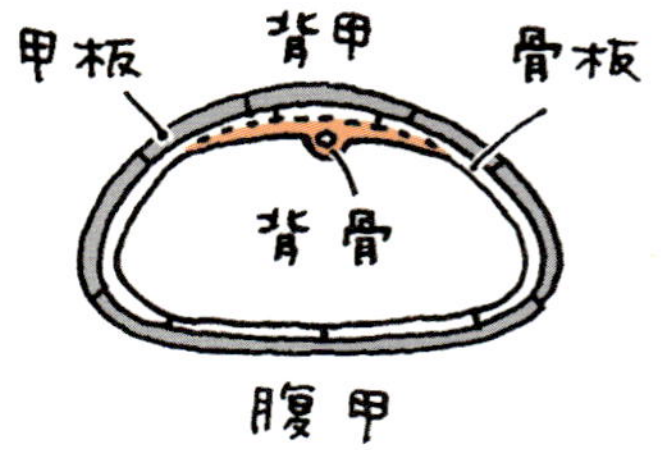

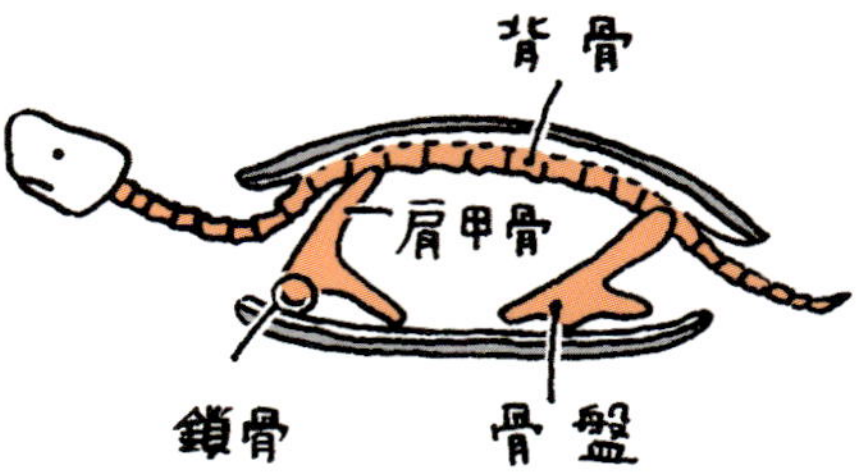

亀の甲羅は、皮膚と筋肉の間にできたカルシウムの板が体をおおう「骨板」と上皮が角質化した「甲板」とが層状になっており、さらにその内側から背骨と肋骨が癒合して強化するという構造になっています。

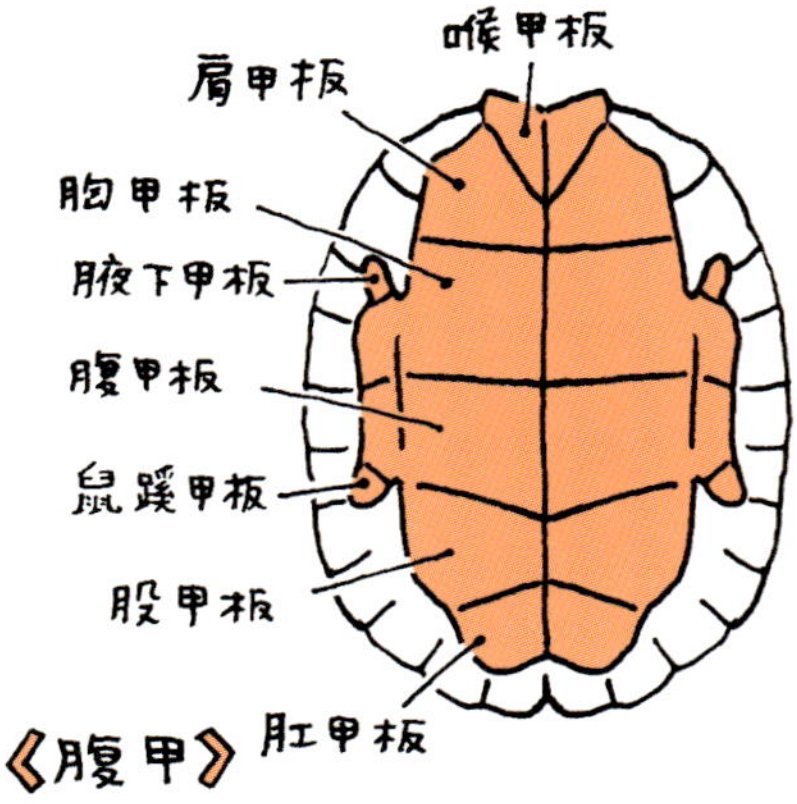

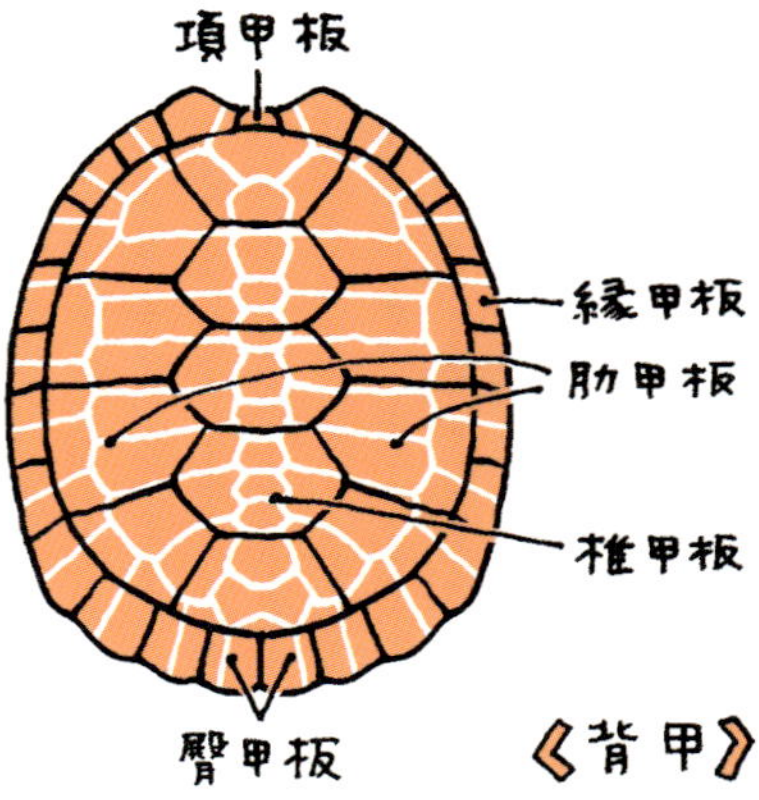

「骨板」と「甲板」はつなぎ目がずれています（白線が骨板）。このおかげで頑丈な甲羅ができているのです。表面に見える甲板は、中央の椎甲板が縦に５枚、両脇の肋甲板がそれぞれ４枚。周囲は、首のところの小さな項甲板１枚、お尻の臀甲板が２枚、そして左右に縁甲板が 11 枚ずつあります。

いろいろな甲羅

・**ハコガメ**
手足も頭もすべて収納できます。
写真はカロリナハコガメ（左）と
セマルハコガメ（右）。

・**トゲヤマガメ**
トゲが鋭いのは小さいうちで、
大人になるにつれて
目立たなくなります。写真の亀は
矢部先生の飼っている「トゲぴー」。

・**パンケーキリクガメ**
思わず目を疑うようなこのシルエット。
岩の隙間に身を潜めるためなのです。

・**ホウシャガメ**
この大きなドームの中の様子、
気になりますね。

生まれたばかりの子亀。へそは、だんだんと吸収されていきます。

おなか（腹甲）

亀も生まれた時はへそがあります。初めて知った時はおどろきました。

全身を硬い甲羅に覆われているので想像しにくいのですが、腹甲と呼ばれるおなか側の平たい甲羅の中央が左右に割れていて、そこにへそがついているのです。そしてそれが数週間かけてだんだんと閉じていくということです。

はじめは、なんだか信じられないような気持ちでした。でもちょうどそんな時、生後6カ月くらいで譲り受けたクサガメのちょきをひっくり返してみると、確かにその痕跡があったのです。

それに、生まれて間もない亀の甲羅は強く圧すとへこむほど柔らかく、すっかり固くなってからも年々大きくなっていきます。そんなことを想像しているうちに、まだ卵から出てきたばかりのやわらかい子亀のおなかにへそがあり、それがだんだんと閉じていくというのも、納得がいくようになりました。

生後９カ月。すっかり閉じました。
つなぎ目の白っぽいところが成長の跡です。

ちょきのへその跡。生後６カ月。

おなかの甲羅も背中と同様に、形や色、模様など、それぞれの種類や個体で違いがみられます。若いうちなら、甲板に刻まれる年輪でだいたいの年齢を推測することもできます。

イシガメはたいてい真っ黒で、中には肛甲板というお尻に近い部分の端にわずかにオレンジ色があるものも。クサガメの幼体には斑があって、大人になるとだんだん消えて全体が茶褐色に。ミナミイシガメやヤエヤマイシガメの成体はクリーム色に斑、などなど。

特に変わっているのはハコガメの仲間。彼らの腹甲には蝶番があり、パタリと閉じることができるのです。危険を察知するや、頭も手足も尻尾も、すっかり甲羅の中に収納し、甲羅だけの箱状になってしまいます。

また、北米のゴファーガメなどは、腹甲の喉元にあたる喉甲板と呼ばれる部分が長く伸びていて、メスをめぐるオス同士の闘争では、この部分を使って相手をひっくり返してしまうこともあるそうです。

渾身の力をふりしぼり池からあがろうとするも、何度となく失敗してドボン。段差のある場所を降りる、というよりは滑り落ちる。ひっくり返ると自力で起き上がるのがむずかしい陸生のカメ。そん

ヤエヤマイシガメのオスの腹甲。
ずいぶんとへこんでいるのがわかるでしょうか。

ゴファーガメの喉甲板。
メスをめぐるオス同士の闘争で使われます。

な亀たちのぎこちない動きをみていると、腹甲の柔軟性のなさが最大のネックと思われます。とにかく不便そう。

でも最も捕食者から狙われやすい大切なおなかを守るためには仕方がなかったのでしょう。それでも2億年も生きてきたのですからえらいもんです。ただ、さすが、これなくしてははじまらないせいでしょうか、交尾の時に都合がいいようにオスの腹甲がへこんでいる種類はたくさんいます。

また、ニホンイシガメなど水田のような環境に棲む亀は、この腹甲をソリのように利用して、泥にあしを取られずすいすいと進むのだそうで、やはり使いようもあるようです。

いろいろな腹甲

セマルハコガメ
ハコガメは種類によって、
蝶番が真ん中にひとつのものと、
前後にふたつあるものといます。

マタマタ
見た目の奇妙さでは
他の追随を許さないマタマタ。
さすが腹甲もおもしろいです。

ミシシッピアカミミガメの幼体
「ミドリガメ」、ひっくり返すと
こんなに華やか。

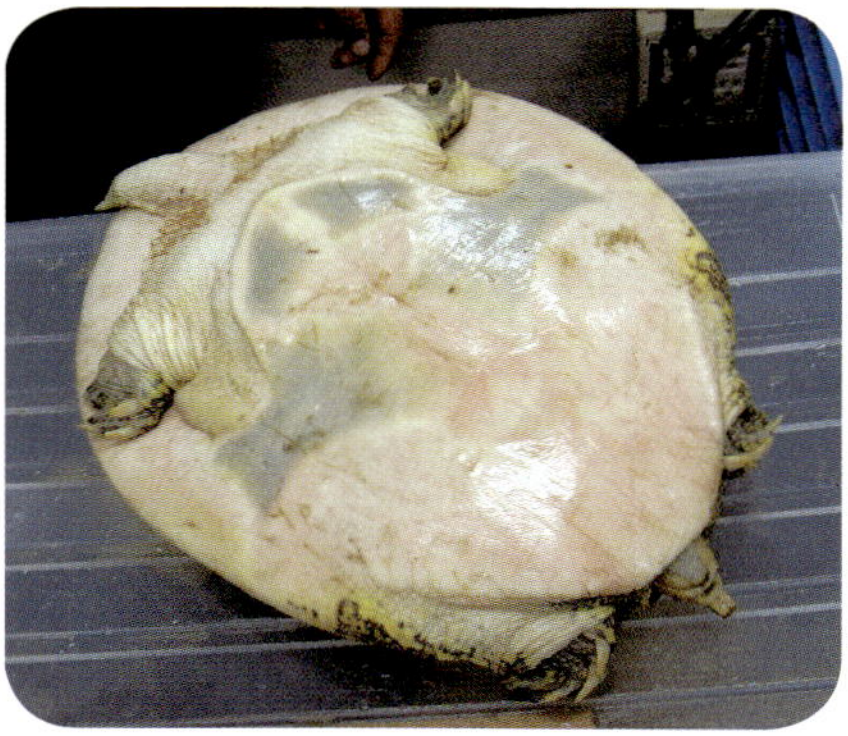

スッポン
おなかも当然やわらかいのです。

猫待ち顔のサヨイチ。

亀の知能

「猫待ち顔」と呼んでいるのですが、同居の猫たちのことが大好きなサヨイチくんは、よく猫のエサ皿のある台所の一角や、床の間のあたりなど、猫の好みそうな場所でじっとしています。明らかに猫がやって来るのを待っているのです。

猫は、まとわりついてくる亀のことを「うっとおしいわねえ」と思っているので、基本的には避けられています。そして、亀自身もそのことはちゃんと理解しているので、猫たちに悟られないよう、エサ皿の脇の米びつの下など、死角となる場所に潜んでいることもあるのです。この一連の様子をみているだけで、亀というのは、なかなかよく考えて行動しているのだなということがわかります。

野生のニホンイシガメの甲羅に発信機をつけた、数年にわたる追跡調査によると、亀たちは夏場に活動している池から、越冬のために数百メートル移動し、その途中では相当な勾配を上がり下りもしています。体の大きなメスの個体がめいっぱい首を伸ばしたとして

気持ちよく寝ている猫に、そおっと近づきます。そして嫌がられます。

も、せいぜい地面から15センチ以下の風景しか見えないはずなのですが、毎年だいたい同じコースを行き来して、同じ場所へ落ち着いているのだそうです。これは、二次元移動しかできない動物としては驚くべき空間把握能力。でも、なぜそんなことが可能なのかということはまだわかってないそうです。体内ＧＰＳでも備えているのでしょうか。人間でも、たまにそういう人はいるので、あっても不思議はない気もします。また、亀は長生きをするので、経験を積むことによって能力を高めるという面もあるのでしょう。

ところで、亀が猫に近づいていってどうするのかというと、あまり何もしません。猫の毛の先に触れるか触れないかのぎりぎりのところまで首を伸ばして、においをかぐような仕草をしたり、猫の尻尾がゆらゆらと揺れるのについて首を振ったりします。

この首を振るという行為、我が家の亀に関して言えば何か具体的な目的があるというよりは、「遊び」の要素が強いように感じます。たとえば、エサが豊富で時間にゆとりのある都会のカラスが人間の様子を真似て公園のすべり台で遊んだりするように「ひまなところには文化が生まれる」という、そんなことが飼育下の亀にもあてはまるのではないかと思っています。

たまに、反対に
まとわりつかれることもあります。
もうすぐ２歳になる甥。
まだ「かめ」といえず
「めめ」といいます。

また、猫や人間に対するこうした行動は、特にオスの亀にみられることが多いのですが、それはオスという生き物の本能的な「他者への関心」からくるものだろうと思われます。

追われる猫たちのほうも、最近ではだんだんと慣れて寛容になってきました。ただし、猪突猛進ならぬ亀突猛進。先方の都合などまったく問題にしていないので、そのあたりが猫らに避けられる原因となっているようです。なにしろ、洗面所に置いている猫トイレまで必ずチェックして、タイミングよく居合わせたなら、必死でよじ登って中をのぞこうとまでするのです。その時の猫の迷惑そうな顔といったら。見ると思わず笑ってしまいます。

ちなみに、サヨイチくんの中の序列は、❶「ナドさん（猫１）」、❷「ミルさん（猫２）」、❸「近くにいるニンゲン」のようで、この順番でアタックしてきます。

ときどき、人を見分けることはできるのか、という質問を受けることがあります。うちにいる２匹の猫を見分けているのは確実ですし、お客さんが来ると、必ず足もとに近寄ってにおいを嗅ぐような仕草をするので、たぶん、亀自身がその気になれば、かなり見分けられるのではないかと思います。

トイレまでのぞかれて閉口するナドさん。

聴覚、視覚など

亀は、主に視覚と嗅覚にたよって生活しているといわれていますでも耳もあるからにはそれなりに聞こえているのでしょう。ここでは、どこをみて、何を考えているのかよくわからない亀の頭の部分についてご紹介します。

● 耳

外耳はなく、小さな鼓膜があります。聴力はそんなによくないという意見もありますが、常に猫の姿を追い求めているサヨちゃんが、ちりり……という猫の鈴の音がすると、ぱっと振り向いたり、隣の部屋から慌ててがさごそと走ってきたりしますので、まあまあ聞こえているようです。

ただし、わたしたちが「サヨちゃん」と呼びかけても、こちらを向くことはめったにありません。また、地面すれすれの低い場所で暮らしている生き物なので、体にひびく震動で周囲の様子を察知す

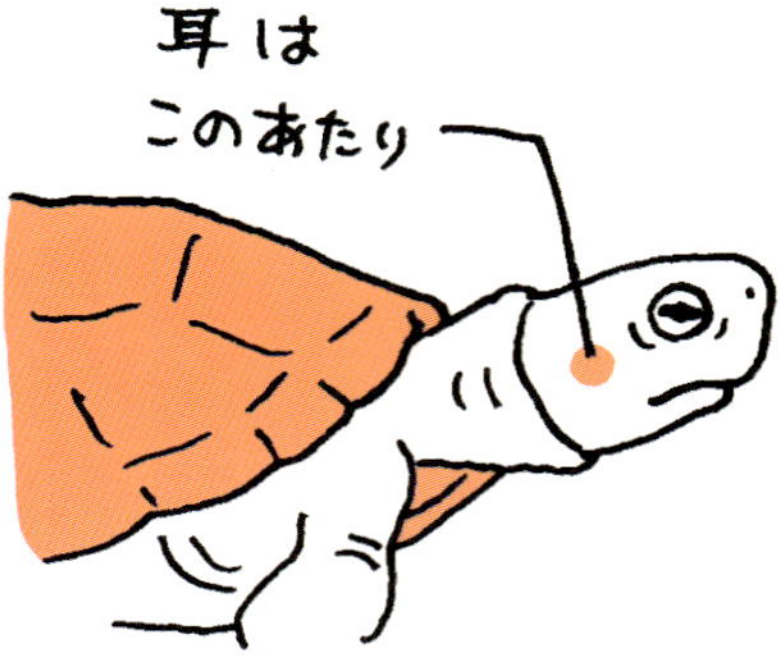

「耳」目の後ろの
このあたりに耳がある。

まずは鼻をちかづけて、
匂いをかいでみます。

色は見分けられます。

ることもあるようです。

● 目

色はわかるようです。たとえばリクガメフードという市販の配合飼料は赤、黄、緑、紫、とちょっと毒々しいほどカラフルな色がついているものがポピュラーで、この中の紫を嫌って残すという話はときどき耳にします。うちのつぶさんもよく観察していると、いちばん最初に赤か黄を食べることが多いので、やはり好みはあるようです。味の違いはないので、色で見分けているのは確か。自然界では木の実なども食べることがあるので、それに近い色をしているからでしょうか。特に陸生のカメは、淡水生のカメにくらべると視覚への依存度が高く、ガラパゴスゾウガメなどは、お互いの大きさで力の優劣を判断することもあるそうです。

網膜の構造はほ乳類よりは鳥に近く、輪郭や色ははっきりと見えている可能性が高いのだそうです。もちろん、こればかりは亀に聞いてみないとわかりませんが。

ホルスフィールドリクガメのくちばし。
草食の亀は、
のこぎりのようにギザギザしています。

クサガメのくちばし。
肉食や雑食の亀は、
刃物のようにつるりとしています。

鼻

庭や家の中を散歩させていると、よくいろんなものに鼻を近づけてにおいをかいでいるようなしぐさをします。小松菜などの野菜よりは、バナナやリンゴなどにおいの強いもののほうが反応が速いので（ただし、強いにおいのもののほうがよく食べるかといえば、そうとは限らない）、ふだんから嗅覚も頼りにしているのは確かなよう。

くちばし

亀には歯がなくて、そのかわり鳥と同じくくちばしがあります。歯がないということは、くわえとったものは咀嚼せず基本的に丸のみ。現在知られているなかでは、2億年ほど前の原始的な亀、オドントケリスには歯があったのだそうです。ではなぜ進化の過程で、あえて歯をなくしていったのでしょうか。これは食物を口で挟んでホールドするために、点（歯）よりは、面（くちばし）のほうが都合がよかったからではないかともいわれています。ちなみに、鳥も同じく進化の過程で歯をなくしていったのですが、こちらは飛ぶために軽量化が必要だったことが理由のようです。

ニホンイシガメのオスとメス。
小さいほうがオスですよ。

ペニスはしっぽの付け根に
くるりと反転して入っています。

雌《し》雄《ゆう》

「あ、子亀がお母さんにまとわりついてるよ」

などと言われ、指差されたほうを見ると、たいていオスがメスに向かって「ねえねえ、交尾しませんか？」と迫っている場面だったりします。

ほ乳類の感覚からすると、体の大きなほうがオス、小さなほうがメスと無意識に思いがちですが、日本のお寺の池や川などで見かける甲長30センチ近いような大亀は、スッポンをのぞけばまずメスで、オスはといえば、このエピソードのように親子と見間違うほど小さいのです。

わたしが、オスのクサガメに「サヨちゃん」という名前をつけてしまったように、亀はある程度の大きさになるまで性別がわかりません。ペットショップなどで売られている子亀も、たとえオスがほしい、メスが、という希望があったとしても、小さな時から飼おうと思うなら、あてずっぽうに選ぶしかないのです。

甲羅に近い場所に総排出口があります。

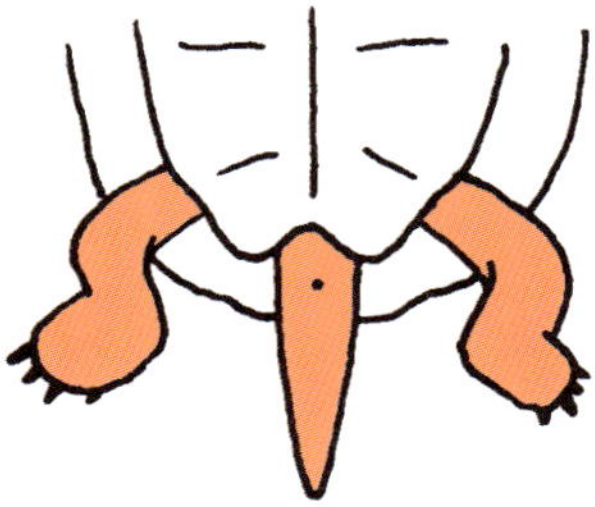

メス

甲羅から離れた場所に総排出口（人間にように分化していないので、穴はひとつ）があり、根元がずんぐりしています。

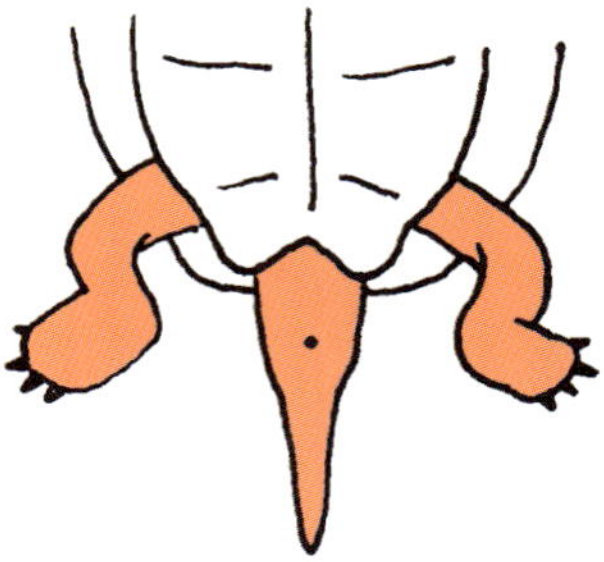

オス

だいたい3年目、背甲の長さが8～10センチくらいになるとそれぞれの特徴が出てくるため、判別が可能になります。

いちばんわかりやすいのが尻尾の付け根にある総排出口、いわゆるお尻の穴の位置。ひっくり返して見た時に、その穴が甲羅から離れた場所にあって、根元がずんぐりしているのがオス。甲羅に近いところにあればメスです。その他、オスは腹甲の中央がすこし窪んでいる種類もいます。

ところで、多くの亀は性決定のための性染色体をもたず、卵が孵るまでのある一定時期にさらされる温度によって性別が決まります。

たとえば、産み付けられた場所が日当たりのよいあたたかい場所ならメスが、木陰などの低めの場所ならオスが生まれてきます。実際、庭の池で毎年繁殖を繰り返しているという知人の家では、日陰が多いせいか生まれる子亀のほとんどがオスなのだということ。

自然界では、同じ池の周囲にも、日当たりのよいあたたかな場所と木陰などの比較的気温の低い場所とがあったり、また人里に近い池（低地で気温が高め）と山の中の池（気温が低め）との行き来もできるため、雌雄の割合は、だいたい適正な比率になるそうです。

● **メス**
日当たりのよい、あたたかな場所だと
メスになります。

● **オス**
日陰の多い、低めの温度の場所だと
オスになります。

ただ、近年、その人里と山地の間に大きな道路ができるなどして、亀の行動範囲が一定の場所に限定され、そのバランスは大きく崩れてきています。

この亀の孵卵温度による性決定というのは、１９７４年にフランスの学者 Claude Pieau 博士が発見しました。でもなぜこのような仕組みなのか、ということについては、これまでに多くの学者の間で議論がなされてきましたが、未だによくわからないままなのだそうです。

亀も性比が1対1であることが種の保存の面からは有利なので、これはどう考えても効率のよいものではありません。

ただ、もうずっと昔からこの方法で生きてきたということだけは確実で、亀についての不思議のひとつとなっています。

日課は
「体力の温存」です。

低代謝と無酸素

生き物を飼っていて困ることのひとつが、旅行などで留守をする時。聞き分けのいい性格の猫だとしても丸2日くらいがせいぜいです。でもその点、温度管理などの必要がない種類の大人の亀なら1週間くらいは大丈夫。

もともと徹底的に代謝を低くすることで生きのびてきた生き物なので、ひと月くらいは何も食べないでも生きていられるということ。たしかに、暑いといっては、寒いといっては「飲まず食わずでじっとしてやりすごす」この低代謝という生態は、亀がマイペースといわれるゆえんなのでしょう。

以前地元新聞に掲載されたという、こんな話を聞きました。

岡山市にある中国銀行本店が、建て替えのため解体作業をしていたところ、その建物のあった下から5、6匹の亀がかたまって眠っているのが発見されたそうなのです。記事によれば、そこはかつてお城のお堀のあった場所なので、ひょっとすると50〜60年前に建て

甲羅の中に引っ込んでやりすごします。

られた時に「生き埋め」になり、それがそのまま眠りつづけていたのではないか、というのです。

監修の矢部先生によれば、それだけの長期間、日光に当たらずに生きるというのは不可能で、いくらなんでも考えられないとのことでしたが、こんなエピソードも「でももしかしたら」なんて信じたくなるのは、亀のもつマイペースというイメージからでしょうか。

「じっとしてやりすごす」亀の特性には、飲まず食わずどころか長時間無酸素状態に耐えられる、ということもあげられます。何かに驚くと即座に甲羅の中に引っ込む亀。あの動きは、肺の空気を外へ出してしまうことによって可能になるのですが、ということは出てくるまで「息をしていない」ということ。

ある時、爬虫類をたくさん飼育している人の部屋で火災が発生し、最終的に密室が無酸素状態になったことにより半焼の状態で鎮火したのですが、ヘビやトカゲは窒息して全滅したものの、亀だけは甲羅の中で生きていた、というエピソードもあるくらいです。

ところで、冒頭に書いた亀のお留守番。エサの心配よりも、むしろ水の汚れや、季節による温度管理のほうが気になるところなので、なるべく短いにこしたことはありません。

お寺の池にいたニホンイシガメ。

日本の亀の分布・国産種の現状と課題

「亀って南国の生き物だと思ってた」

東北地方の生まれ育ちの友人が、そんなことを言っていました。もちろん、亀に対する関心のあるなしにもよりますが、少なくとも、あまり関心がなければ、ふだん何気なく目にすることはまれなようです。反対に、わたしの住む瀬戸内沿岸部などでは、池や川にいる亀を見たことがない、という人のほうが少ないのではないかと思います。

在来のニホンイシガメもクサガメも、本州、四国、九州およびその周辺の島々に分布しているとされていますが、寒いと動かなくなるという生態からみても、やはり暖かい地方に多い生き物なのでしょう。

ただ、冬場は完全に雪に閉ざされる中国山脈のてっぺん、その名も氷ノ山（ひょうのせん）という山のあたりに住む親戚によれば、「イシガメならようさん（たくさん）おるで」ということ。そういえ

池の真ん中をよくみると
全員ニホンイシガメでした。

ば、その隣の集落はずばり「石亀」といいます。ほんとうに、寒い地方に少ないのかどうかはわかりませんが、寒い時期が長いということは水辺などで活動する時期も短くなるため、人目につきにくいということは確かだと思います。

その親戚のお兄さんは、うちにいるクサガメを「こんな亀はおらん（いない）わあ」と珍しそうに眺めていたのが印象的でした。

イシガメは山麓部や河川の上流域から中流域の、水の流れのある澄んだ場所に。クサガメは河川の下流域や都市部の池など、水の流れのゆるやかな場所を中心に棲息しています。また、亀の分布はこのような温度的な要因のほかに地質的な要因などもあり、現在日本に陸生の亀がいないのは、土壌中にカルシウムが少ないからだろうと考えられています。

このイシガメやクサガメの生息域をおびやかす外来種としてもすっかり有名になってしまったのがミシシッピアカミミガメ。小さな時に「ミドリガメ」という名前で売られているあの亀です。１９７０年代、ペットとして大量に輸入されるようになりましたが、穏やかな性格のイシガメやクサガメとくらべると格段に押しが強く、またメスの成体になると最大30センチ近くにまで育つことも

町なかの用水路で憩う
アカミミガメのみなさん。

あるため、もてあました飼い主が野外に捨ててしまうというケースが続出。生息域はイシガメやクサガメと同じで、しかも環境への適応力も抜群のため大繁殖し、いまや国内でみかけるもっともポピュラーな亀となってしまいました。

最近行われたある調査では、場所によっては全体の半数以上がアカミミガメだということ。現在、やむなくアカミミガメの防除なども行われていますが、いったん自然界で増えてしまったものを減らすというのはとてもむずかしいことです。

また、最近ニュースで取り上げられることもある、川や池に捨てられたワニガメやカミツキガメの問題。もともと彼らは日本の環境にはいないはずの生き物です。生態系に起きる食物連鎖のかく乱はもちろん、わたしたちの生活習慣の中には、身近にそれほど危険な生き物がいるという前提がないので、すでに東京や千葉などで報告されているカミツキガメの野外での繁殖というこの問題はより深刻です。

子どもの頃から、よく近くの池や川にはいって遊んでいましたが、そこにもしワニガメやカミツキガメがいたらと思うとぞっとします。そしていま、それはすでに現実になりつつあるのです。

「ミドリガメ」はミシシッピアカミミガメの幼体のこと。
こんなに大きくなることもあるのです。

なぜこんなことになってしまったのか、そう考えてみると、それはわたしたちが亀という生き物について、あまりにも無知で無関心である、というところがいちばん大きいような気がします。

もちろん、この本の中で繰り返し書いてきたように、とても不思議で、まだまだわかっていないことの多い生き物です。でも、現在わかっている生態について知っていさえすれば、ここまで大きな問題にはならなかったのになあ、とため息をつかずにはいられません。

そして、残念なことに、いまだあの小さな「ミドリガメ」と、そこここで見かける大きなアカミミガメが同じ亀である、ということすらもあまり知られていないというのが現状です。

たとえば身のまわりに生えている雑草でも、それぞれの名前を知るというだけで、それまでよりはぐっと親しみがわくものです。それと同じで、イシガメやクサガメ、アカミミガメはオスよりもメスのほうが大きいですよ、とか、〝リクガメ〟は泳ぎません、と聞くだけで、少しみえ方も変わってくるのではないかと思うのです。この本が、その一助になればと願ってやみません。

コラム 2

亀の本

『うちのカメ』 石川良輔 著、矢部 隆 注・監修(八坂書房)

長年にわたり、著者の家で猫のように暮らすメスのクサガメ「カメコ」。窓辺へよじ登って日光浴をしたり、人の足にまとわりついたり、洗濯物の隙間にもぐりこんでくつろいでいたり……初めて読んだ時はちょっとした衝撃でした。でもあれから数年、気がつけば我が家のクサガメ「サヨイチ」もほぼ同じような生活に。観察眼と愛情とのバランスが絶妙で、亀にかぎらず生き物を飼う人にはぜひ一度読んでいただきたいと思う一冊。ちなみに、この八坂書房のマークは亀なのです。

『イシガメの里』 松久保晃作(小峰書店)

動物カメラマンである著者が、生まれ故郷である淡路島でニホンイシガメを探し、追いかけ、観察した記録です。あくまで「自然に暮らしている様子」を大切に、できうるかぎり気配を消して亀の邪魔をしないように努力する著者の姿勢がとても心地よく、読後「やっぱり、亀はいいなあ」と思わせてくれました。

『カメのきた道』 平山廉(NHK出版)

「甲羅に秘められた2億年の生命進化」という副題のとおり、何億年も前からほとんど姿をかえずいまも生き続けるカメのマイペースぶりを、甲羅の化石からみられる進化を元に考察した、ほかに類をみない刺激的な亀の本。かつては日本にもリクガメがいたのだそうです。

『カメの家庭医学』 小家山仁(アートヴィレッジ)

猫や犬もそうですが、わけても亀というのは我慢強い生き物です。目に見えて元気がなくなった時は、十中八九手遅れ。食欲、排泄、皮膚の様子、目の

輝き、そしてそれぞれの種のもつ本来のプロポーション（甲羅の幅や高さなど）との差異は個体差といえる範囲のものか、などなど。とにかく日々、飼い主が気をつけるしかありません。本書では、考えられるかぎりの亀の病気について、その「原因」「症状」「予防と対策」がわかりやすく解説されています。亀飼い必携の一冊。

『カメのくらし』 増田戻樹（あかね書房）

小学校の図書館などに揃えてある、科学のアルバムシリーズのうちの一冊。身近なクサガメを中心に、日本にいる亀の生態や暮らしぶりが紹介されています。だれにでも理解できるように工夫された子ども向けの科学の本には、名著が多いと思います。

『今、絶滅の恐れがある水辺の生き物たち』 内山りゅう 編・写真、市川憲平 ほか 解説（山と渓谷社）

水辺というのは陸と水との境目ですが、あのさまざまな動植物が混沌としている水辺はどんどんなくなってきました。源五郎、田鼈、殿様蛙、丸田螺、目高、そして日本石亀。かつてあたり前のようにいた水辺の生き物の生態と現状が丁寧に解説されています。ニホンイシガメの章の解説は矢部隆先生。編者である内山りゅう氏のすばらしい写真も魅力です。

『カメに100%喜んでもらう　飼い方　遊ばせ方』 霍野晋吉 監修、ミニペット倶楽部（青春出版社）

代表的な種類の紹介から生態、歴史、飼い方まで、かゆいところに手が届く飼育指南書です。イラストも豊富でとてもわかりやすい。

『月に吠える』 萩原朔太郎（岩波文庫他）

萩原朔太郎の有名な詩集。この中に「亀」という詩があります。亀のことを、こんなにも気高く美しく書いた詩は、たぶん世界中を探してもほかにないのではないかと思います。

第3章

亀を飼う

ねそべっている人に近づいて、
そっとにおいをかぎます。

亀を飼うということ

ふと部屋の片隅に目をやると、よく、そこにいる亀と目が合います。そして、しばらくの間見つめ合ったあと、またどちらからともなく逸らします。

いったい何を思ってこちらをみていたのか、我が家にいる人や猫などのことをどの程度認識しているのか、わかるようで、わかりません。

「亀ってなつくんですか？」という質問には、いつも「場合によってはなつきますが、基本的には馴れる程度です」と答えています。名前を呼んだら来る、家族の中の好みの人にだけついて回る、猫の後を追う、といったような行動も実際にあるのは事実なのですが、それは、ある特定の条件の中で偶然学習した結果であることが大半ですし、またそれぞれの亀の性格によるところも大きいので、やはり犬や猫のように「なつきますよ」とまでは言えません。

でも、そこが亀のいいところ。亀とのコミュニケーションは、そ

呼んだら
来る亀もいます。

膝の上など、
柔らかく温かいところが好き。

人の足もとをうろうろするので、
たまにうっかり蹴られます。

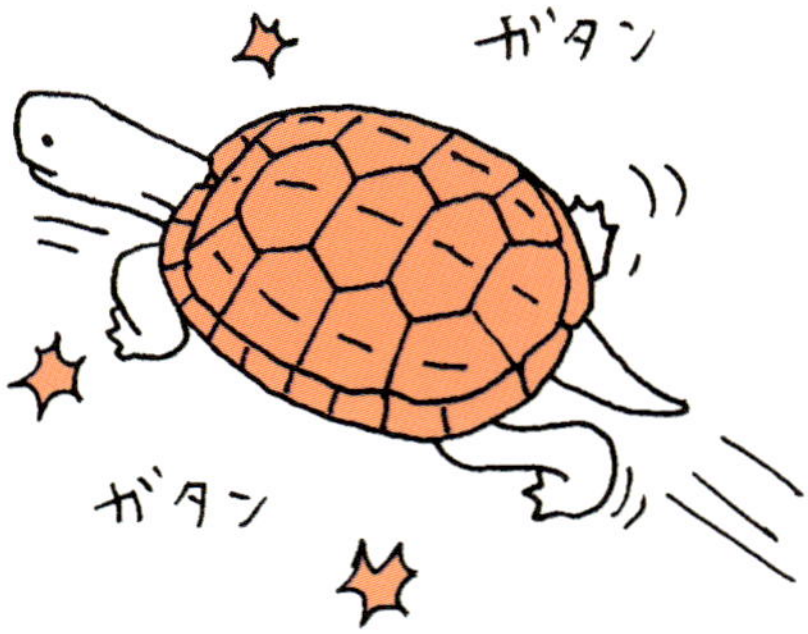

大きくなるにつれ、
このガタガタという音も
大きくなります。

れが成立しているのかどうなのか、なんともいえないあたりも魅力です。なつく亀もかわいいですが、いつまでたってもびくびくしてなつかない亀も、亀らしくていいものです。

さて、ふたたび亀のほうをみやると、今度はふわわわわ〜とあくびをひとつ。亀の時間はとても優雅。あんなにのんびりと我が道を進んでいても生きていけるものなんだ、とうらやましくなるほどです。

「亀って鳴かないし、静かでよさそうですね」

動物を飼うことを検討している人からそう言われることがあります。小さなうちは確かにそうなのですが、亀は、そのイメージとはうらはらに、成長が早く運動量も多い生き物です。

我が家のクサガメ、サヨイチくんが家の中で自由に生活するようになったのも、狭い水槽から出たがって、日夜、ガタガタガタガタ、ゴトゴトゴトゴトとうるさく動き回るのに耐えかねて外へ出した、というのがそもそものはじまり。

庭やベランダなど、ある程度自由に活動できるスペースを確保できるようなら問題ありませんが、室内の水槽の中だけで飼うというのは、成長とともに無理が出てきます。室内で、飼育ケージの中だ

飼育指南書も
たくさん出ています。
いろいろ読んで調べてみましょう。

けで、静かに、清潔に、ということだけを考えるなら、ヘビのほうが適しています。

また、長寿というイメージからも「飼いやすくて丈夫」と誤解されがちですが、亀は、それほど飼いやすくもなければ、丈夫でもありません。その証拠に、子どもの頃に飼いはじめた亀を、20年、30年、40年と飼い続けているというケースはごくまれ。個体ごとの生存率が高いため、ぞんざいに扱っても死ににくい動物、とはいえるかもしれません。でも、いざ長生きをさせるとなると案外むずかしいものです。

さらに、亀自身が快適な生活を送れるようにするためには、それなりの設備投資と日々のこまやかな努力に愛情、そして想像力が必要になります。もの言わぬ亀、であるだけに、飼育は決して楽ではありません。

ひとくちに亀といってもその種類によって、性質や飼育の仕方にはずいぶん違いがあります。いくら淡水生のカメだといっても、一日に数時間は完全に体を乾かせるような場所がないと、あっという間に甲羅が腐ってしまう種類もいますし、反対に、ほとんど水の中だけで生活し、めったに陸へあがらない種類もいます。

うちのイシガメむいちゃんの
お姉さん「千ちゃん」。
都会のマンション(のベランダ)で
のびのび暮らしています。

亀を飼いたい、と思ったら、まずはどの亀を飼うのかを具体的に決めて、その生態や性質、原産地の気候などをよく調べます。特に、最終的にどれくらい大きくなるのかというところは重要。ワニガメやカミツキガメだって、小さな時はほんとうに小さくてかわいらしいのです。

そして寿命。自然でのイシガメやクサガメでも50歳を超えると推定される個体もいるくらいなので、飼育下ではその程度生きることもあります。数十年先の亀と自分。飼いはじめる前に、まずそこまで想像してみることも大切なことだと思います。

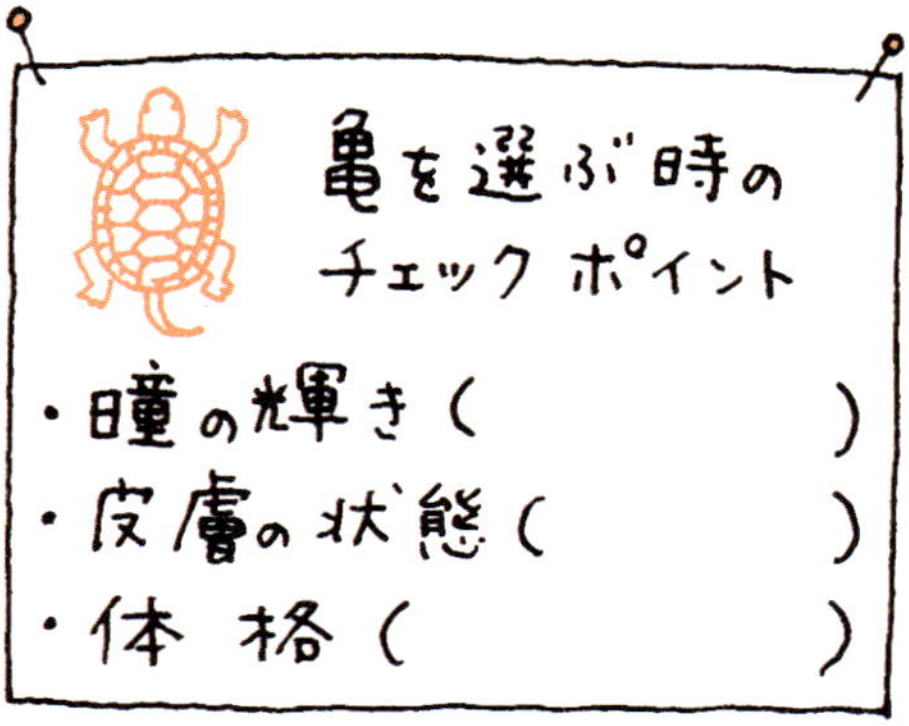

亀の飼い方・選び方

選び方

ペットショップで買う場合が多いと思いますが、もし身近に繁殖させている人がいれば、そこから譲ってもらうのが理想的です。ついでに、その亀の来歴を知ることができればなおよし。

たいてい、数匹いる中から選ぶことになると思います。そこで重要なのが健康状態。チェックポイントは瞳の輝き、皮膚の状態、そして体格です。特に子亀のうちは、管理状態が悪いとまぶたが腫れて開かなくなっていたり、手足が白くふやけていたりすることがあるので、必ずチェックしてください。

また、元気に動き回っているもの、エサがほしいのかこちらに向かってジタバタしているもの、ただひたすら甲羅干しにいそしむもの、亀の性格もいろいろですのでそちらはお好みで。たまに、ぷか〜っと水に浮いてやる気がなさそうなのが見られますが、おそらく

健康状態に問題がなさそうであれば、
ぜひ「目が合った子」を。

それは性格ではなく体調の問題と思われますので、避けたほうが無難です。

体格や性格は好みの問題もありますし、中には、あまり元気のない弱々しい姿に惹かれるという方もおられるとは思います。でも、亀は病院にかかるのもむずかしく、犬や猫以上に飼っている人間による注意と努力が必要となる生き物なので、はじめから、なるべく健康な個体を選ぶということは大切なポイントです。

また、これはもっと感覚的なことになりますが、複数の中から選ぶ場合は「目が合った子」を選ぶのもかなり重要ではないかと思っています。これからの長いお付き合いのためにも。

淡水のカメと陸のカメ

「〝リクガメ〟は泳ぎません」

と言うと、亀が好きな人は当たり前じゃないかと笑いますが、亀好きというのはわりあい少数派なので、意外に知られていないことのようです。わたしの店にいるリクガメをみたお客さんからも「水に入らなくて平気なんですか」とよく心配されます。

日本には、川や池などに棲む亀の仲間ばかりなので、「亀」とい

陸生と淡水生。もちろん「見た目の好み」も大事です。

えばまるで魚のように水中で生活する生き物、というイメージが強いのかもしれません。

ただ、ニホンイシガメやクサガメなどの淡水生のカメの仲間は、いくら泳ぎの得意な種類でも、這い上って休んだり甲羅干しをしたりできる陸地や木の枝が絶対に必要です。たとえば、まるで金魚でも泳がせるようなつもりで、陸地のない水槽に放ったらかしにすると、だんだんと弱ってしまうのです。

もちろん淡水生のカメと陸生のカメでは飼い方も違います。ウミガメを飼う、というのは一般家庭ではまずありえないので、ここでは淡水生のカメと陸生のカメについてお話ししたいと思います。

まずいちばん大きな問題は、淡水生のカメ、陸生のカメ、どちらを飼うか、ということ。もちろん、どちらが好みかという面が大きいのですが、日々の世話の仕方や設備、エサなども違うので、家庭の環境や自分の性格や生活パターンなどからもよく考えることが必要です。

湿度の高い日本では、表皮が湿っている＝雑菌が繁殖しやすい＝淡水のカメはなんだか不潔、というマイナスイメージを持つ人も少なくないようです。たしかに水の入った水槽は重く、水替えはなか

淡水のカメの特徴

- わりあい人に馴れやすく、地味めだが味わい深い魅力がある。
- ニホンイシガメやクサガメは、もともと日本の環境にいる亀なので、温度や湿度の管理については、あまり気にする必要がない。ただし、日光浴のためとはいえ直射日光にあてるのは危険。
- エサは配合飼料をふくめ、安価で手に入りやすい。
- 水替え（＝食べ残しや排泄物の掃除）やポンプとフィルターによる水質の管理が必要。
- 冬眠させる場合は、冬場の世話がいらない。
- 歩くのも泳ぐのも意外に速いので、脱走注意。

注意点：ひとくちに淡水のカメといっても、完全に体を乾かすことのできる陸地が必要なタイプから、ほとんど水中のみで生活するタイプまでさまざまです。飼いはじめる前にきちんと生態を調べましょう。

なかやっかいです。

ただ、まわりの亀飼いのみなさんをみていると、クサガメやアカミミガメなどは、ずぼらな人や「子どもがほしいと言うから飼いはじめたけど、結局世話をするのはわたしなのよね」というお母さんでもかなり長生きさせ、それなりの情が芽生えているケースが多く、長期的にみると、いちばん飼いやすいのではないかと思います。

なにしろ日本の環境の中にいる亀ですから、特別な湿度や温度の管理などを気にする必要がありません。設備も、室内で飼う場合のバスキングランプ、冬眠させないなら冬場の水中ヒーターが必要になりますが、淡水生のカメ用の配合飼料は比較的安価ですし、費用面でも負担は軽めです。

姿形も地味めで、あまり珍しくもない亀ですが、愛情をもって丁寧に接すれば、おどろくほど人にもなつきます。

でもやっぱり陸生のカメをはじめとした珍しい種類が魅力的なのも確か。わたしにも外国産の憧れのあの子（亀の種類）が何匹かいて、亀図鑑を眺めてはうっとりしています。「でももう8匹もいるし、無理よねえ。あ、でももし、くれるって言うんならやっぱり飼

陸のカメの特徴

- 丸っこい甲羅がかわいい。動きや仕草も陸生の亀ならではのおもしろさがある。
- 泳がせる必要がないので、水は飲み水程度で充分。
- 飼育ケージの掃除は淡水のカメよりも簡単。
- 日本とまったく違う環境に棲むものが多いので、それぞれに合わせた温度や湿度の管理は必須。
- エサは配合飼料も含め、意外に費用がかかる。
- 意外に足が速く、穴を掘るタイプもいるので上からも下からも脱走注意。

注意点：リクガメ科はすべての種類がサイテスⅡに指定されているので、「CB（Captive Born）」といわれる人工繁殖されたものを飼いましょう。野外で採取されたものは「WC（Wild Caught）」といいます。

うかなあ」などとくだらない妄想にふけることもしばしば。

陸生のカメのいいところは、やはり水替えがいらないところでしょうか。食べ残しのエサやフンの始末を怠らなければ、飼育ケージを洗うのも、ごくたまにで充分。

また、人間と同じ室内である程度自由に行動させたいという場合も、泳がせる必要のない陸生のカメをおすすめします。

ただし、もともと日本とはずいぶん違う気候の地域に棲むものが多く、種類によってはかなり慎重な温度や湿度の管理が必要になります。エサについても、陸生のカメの配合飼料は意外に高価ですし、リクガメ科の亀は草食性なので、大きくなればなるほど新鮮な葉野菜が大量に必要となります。

「夏場に小松菜やチンゲン菜なんて、わたしたち（人間用）には高くてとても買えないけど、でも亀のためにはね……」というのはよく聞く話。

また、冬眠しない、熱帯、亜熱帯産の種類もいるので、基本的に「冬休み」はありません。

ホルスフィールドの子亀。
猫の頭に乗せられるのも、
いまのうち。

亀も大きくなります

「このまま大きくならなければいいのに」

よくそんな声を聞きます。小さい時に「まあ、かわいい」と思って飼いはじめても、成長すると、その当時とはずいぶん違った印象になります。手のひらサイズだった動物が、いつの間にやら持ち上げるのにも一苦労、となれば、はじめの「かわいい」と同じ感覚でいるのはむずかしいでしょう。それは亀についても同じです。

わたし自身は、亀にかぎらず、小さな時のか弱く危なげな感じよりも、むしろ体格もキャラクターもしっかりとした成体のほうが興味深くて好みです。

でも、たとえば子猫をみて「きゃあ、かわいい」と思うのはもちろん同じ。そんな「大きくならなければいいのに」という人の気持ちもよくわかります。

鶴は千年亀は万年、と長寿の代名詞のようにいわれる亀ですが、もちろん「万年」などということはありません。

ガラパゴスゾウガメ。
200歳くらいまで生きることも。
つい最近、ガラパゴス諸島
ピンタ島に生息していた最後の1頭
「ロンサム・ジョージ」の訃報が
ニュースで流れました。
推定年齢は100歳以上だったそうです。
写真は熱川バナナワニ園のゾウガメです。

一般に、亀は体が大きく体重が重いものほど寿命が長いといわれます。確実な記録のある中では、オーストラリアの動物園で飼われていたガラパゴスゾウガメのハリエットの175年というのが最長。ガラパゴスゾウガメは現在地球上に生存している亀の中では最大級ですが、このクラスの大型の亀でだいたい200年くらいが上限と考えられています。

日本に棲息するニホンイシガメやクサガメの場合、飼育下の確実な記録では『うちのカメ』石川良輔（八坂書房）に登場するメスのクサガメ「カメコ」が45年で生涯を閉じたのが最長。

わたしの知り合いにも、小学校1年生の時から飼いはじめたオスのクサガメを30数年間飼い続けている人もいます。自然界では、それぞれの環境にもよりますが、50歳くらいと推定される個体もときどき見られるそうです。

また、長寿と言われる理由のひとつには「ある程度成長した亀は死ににくい」ということもあるでしょう。亀は、小さい時にはなかなか生き残ることがむずかしいのですが、しかしだいたい3歳をすぎ、甲羅（＝鎧）が完成してくると、めったなことでは死ななくなります。

自分より長生きするかもしれません。
亀貯金をしている人も。

三重県でのニホンイシガメの調査では年あたり、卵から無事に孵化できる個体が10％、孵化してから1歳を迎えることができる個体が50％、しかし3歳を過ぎると80％くらいの確率で生き残ることができていたのだそうです。

「生残率」というそうですが、これは、野生動物としては驚くべきスコア。池や川でみかける、まるで主のような亀たちは、実際にそこで何十年と暮らしていることも多いのでしょう。

ペットショップで買った子亀も、丁寧に世話をすれば同じように長生きできます。

わたしはちょうど40歳になりますが、飼っているいちばん小さな亀はまだ2歳。ヒトの平均寿命から考えて、さて、先に死ぬのはどちらかしらといったところ。亀仲間の間では、お互いの亀自慢と同時に「遺言には、亀の飼い方にいくらかのお金を添えて用意しておかないとね」という会話が交わされることもあるほどです。

お年寄りが「猫や犬を飼いたいけど、でも自分が先に死んでしまったら」と悩んでおられることがありますが、亀の場合、わたしくらいの年齢でも、すでにそんな気持ちになるのです。やはり亀は長生き、には違いありません。

ケヅメリクガメたちの食事風景。やっぱりみんな食べるのが下手くそ。

日々の世話

亀飼いの朝は水槽の水替えからはじまります。亀という生き物は食べるのがとても下手。雑で汚い、と言ってもいいくらいです。これは、野生でも飼育下でもあまり違いはないようで、そのへたっぴな様子には、矢部隆先生も「まったく、亀っていうのは野生動物としての自覚に欠けてるんだよな」と呆れたような口ぶりで言われていました。

ほんとうに、亀がエサを食べる様子をみていると、無駄な動きや食べこぼしが多くて「よくもまあ、そんな調子で2億年も生きてきたものね」と感心してしまいます。

おかげで水槽の水はすぐに汚れてしまうわけですが、さらに、水替えをしたばかりの清浄な水は彼らの排泄欲をおおいに刺激するらしく、替えた途端に……というのはもう定番中の定番。

これにいちいち落胆していては亀は飼えません。亀を飼う喜びとは、一にも二にも、彼らがよく食べよく出す様子を眺めること。熟

「亀の脚の力はけっこう強い。
急にカーテンに登りはじめたせわし。
そのままにしておくと、
どこまでも登りそう」
（三木さん談）。

三木さんちの亀。「前脚で『チョイチョイ』と
空（くう）を掻く謎の行動。自分から人に近づいてきて、
さわるかさわらないかの距離で行われる。
亀のかわいい行動のひとつ」（三木さん談）。

練者ともなると「あーあ」と口で言いながらも顔がにやにやしていたりもするのです。

「うちの亀は今日も元気」。これに尽きます。

日々の水替え、という点だけでいえば陸生のカメのほうがラクと言えなくもないのですが、日本にはもともと陸生のカメは生息しておらず、温度や湿度などそれぞれの亀にあわせた環境をきちんと整えてやらねばならないため、イシガメやクサガメとくらべると、かなり神経を使いますし費用もかかります。そしてやはり、長生きさせることもむずかしいようです。

また、小さいうちなら、机の上に乗るような小さな水槽やケージの中だけで飼育することもできますが、亀はその、まるで石のようにじっと動かないイメージとは裏腹に、かなり運動量の多い生き物。わたしの店にいる亀をみて「こうしてじっくりと見るのははじめてなんですが、こんなによく動くものなんですねえ」とは、頻繁に聞く言葉です。

そういえば、この本でイラストを描いてくださっている三木謙次さんのお宅の亀は、その動きがあまりにせわしないため「せわし」という名前を付けられているくらいなのです。

意外なほど足長。

脱走、というほどのつもりもないのですが、日光を求めているうちに、いつの間にか登りつめていることもあります。

飼育ケース等について

「兎と亀」のお話でご存じのとおり、亀はあまり俊敏な動きができないかわりに、休むことなく黙々と進みます。

小さなうちは洗面器のようなこぢんまりとした容器でも飼えないことはありませんが、孵化後半年から1年もすればぐんぐん大きくなり、運動能力も高くなってきます。気がついたら脱走して行方不明に、というのは残念ながらよく聞く話。なにしろ、目的があれば決してあきらめずに進むのですから。

少なくとも、あの意外に長い手足や首をいっぱいに伸ばしても届かない高さの飼育ケースや水槽が必要です。また、屋外で飼う場合は猫やカラスによる被害を防ぐためにも、水槽の上に網でフタをすることをおすすめします。

亀の甲羅がいくら丈夫だとはいっても、高い場所などから落下するなどして傷ができたり割れたりした場合は決して再生はしないので、そのあたりの配慮も必要。

特にイシガメやクサガメなどの淡水生のカメは、かなり向こう見ずな動きをします。相当な高さがあっても、えいっとばかりダイブ

飼育環境

注意点

淡水生のカメも陸生のカメも、それぞれの種類によって生態（飼育方法）は異なります。

よく調べて最適の設備を整えましょう。

淡水ガメの設備例

甲羅ごとすっかり隠れられる大きさのシェルター（市販のものもありますが、うちでは植木鉢を割って作ります）、紫外線を出すライト、そして冬場は水温を保つ水中ヒーター（亀専用の便利なものがあります）を用意します。水は、ひと晩くみ置きしたものを背甲がすっかりかぶるくらいの深さまで入れましょう。また体を完全に乾かすことのできる陸場は絶対に必要なので、小さなうちは砂利などで傾斜をつけてあがりやすくしてやります。大人の亀なら、レンガでもよいでしょう。

陸生ガメの設備例

シェルターと紫外線を出すライトは必須。エサのほかに、水飲み場や水浴び場を用意し、冬場は専用のフィルムヒーターやパネルヒーターを設置し、ケージ全体をあたためます（写真では、犬猫用のホットカーペットを利用）。床材は専用のものもありますが、温帯の亀なら赤玉土や干し草や新聞紙、湿地の亀ならミズゴケなども利用できます。

紫外線の出るライト。
水棲の亀の場合は水が跳ねて
割れることもあるので、
防滴仕様のものもあります。

爬虫類用のフィルムヒーター。
ケージの外側に
敷いて使います。

犬猫カラスによる被害や
脱走防止のために
金網を乗せておくとよい。

「ガラスの水槽」
高さがあるものが多く脱走しにくいが、重いので淡水生のカメの場合は特に掃除が大変。

「衣装ケース」
見た目はいまいちですが、軽く安価で扱いやすいため利用者は少なくありません。

「トロ舟」
自由に出入りできる環境の場合は、浅くて丈夫で使いやすい。

亀知識 水のある場所

高い場所からしきりに降りようとする淡水生のカメに対し、怖がって降りようとしない陸生のカメ。この違いは地球上の水のある場所に拠ります。亀にとって「低い場所＝水がある」という認識のため、淡水生の亀は水を求めてダイブし、陸生の亀は水を恐れてその場に留まるということなのです。

淡水のカメは、首の力をつかって
上手に起き上がります。
うちのサヨイチに披露してもらいました。

するので、下がコンクリートなどの堅い材質の場所ならば、充分注意してください。その点陸生のカメはきわめて慎重。ある程度の高さがあると、まず自分から降りようとはしません。

ただし、淡水生のカメはひっくり返っても、首の力を使って上手に起き上がることができますが、陸生のカメは背甲に高さがあり、一度ひっくり返ると自力ではなかなか起き上がれませんので、そのあたりについても注意してください。

水替えについて

亀は食事も排泄も同じ水の中で行います。水の汚れかたは、個体や水槽の大きさ、季節によってもずいぶん違うので「汚れたら替える」というのが基本。汚れたままにしておくと雑菌が繁殖し、病気のもととなります。

また、あまり汚れがひどいと亀は水を飲むのをがまんするようになるため、水の中にいながら脱水症状を起こすということさえあります。

ポンプとフィルターをつけると、水替えの頻度はいくらか減らせますが、わたしは水槽にごちゃごちゃついているとかえって億劫に

わたしの水換え

1

亀を出す
（行方不明にならないように、
バケツなどに入れておく）。

2

水槽の中を隅々まで洗う。
シェルターも洗う。

3

水を流す（室内で飼っている場合は、
トイレやお風呂場の排水口に流す）。

4

ひと晩以上汲み置きした
水を入れる。これはカルキを抜くためと、
水換えの前後で水温に変化をつけないための
両方の意味があります。

5

亀を戻し、水の深さを調節する。
浅いケースの場合は、犬猫カラスによる
被害や脱走防止のために
金網を乗せておきます。

注意点：水は、浅すぎず深すぎず、少なくとも甲羅がすっかりかぶる深さまでは入れます。背甲のてっぺんが常に水から露出している状態がつづくと、その部分だけ乾燥しすぎて成長せず、変形してしまいます。

6

水がきれいになって
笑顔のタマ夫。

飼い主のズボラが原因で、
指先に脂肪の塊が
できてしまいました。
すみません……。

なるので「なにもつけず、頻繁に水替え」という方法をとっています。ただし、変温動物である亀は水温の変化がストレスになるため、ひと晩ほど汲み置きした水を使うことが望ましいなど一長一短。みなさんそれぞれの生活スタイルや性格を考慮して決めてください。

こんなことを偉そうに言っているわたしも数年前、当時まだ小さかったうんきゅうのトチの水槽の水替えをおこたって、前肢を皮膚病にかからせてしまったことがあります。幸い、成長期だったこともあり、まめな水替えと日光浴のおかげで数カ月後には完治しましたが、あの時はほんとうに気の毒なことをしたと反省しています。

たまにはおなかの甲羅も干したいようです。

日光浴について

日差しを浴びながら、うっとりと気持ちよさそうに手足を（卍形に）伸ばしくつろぐ亀。見ているこちらまでしあわせな気持ちになります。

亀にとって、エサと同じか、それ以上に大切なのが日光浴。いわゆる「甲羅干し」です。亀はこの甲羅干しにより紫外線を吸収し、必要な栄養分を活性化させています。また体温の上昇、体表の乾燥などの役目もはたすので、飼育する上での最重要課題といえるでしょう。

室内の場合、ガラス越しの日光では、必要なビタミンDなどが吸収できないため、バスキングランプと呼ばれる爬虫類用の紫外線供給ランプは必須。ペットショップに行くといろいろな種類がありますので、それぞれの亀の生態にあわせたものを選んでください。

ただ、いくら日光浴が大切だといっても、夏場の強い日差しにさらすのは非常に危険です。自分で体温調節のできない亀は、気温が低くなると動かなくなるように、上がりすぎた体温を下げることもできません。庭やベランダなどに出して日光浴をさせる場合は必ず

日光を追い求め
どこまでも。

日陰と水場を作ってやり、日差しをあびることを自分で選べる環境を用意しましょう。

温帯に暮らす亀が昼行性なのは、この甲羅干しが必要だからだと思われますが、一方、熱帯や亜熱帯の亀が夜行性なのは、暑さや紫外線の強すぎる環境で日中活動するのは危険だからではないかといわれています。

エサについて

国産の淡水生のカメの場合、ペットショップなどで売られている専用の配合飼料が便利です。雑食性なのでミミズや小魚やリンゴ、小松菜などもときどきやると喜びます。我が家ではミミズが一番人気で、畑を掘ってつかまえたのを水槽に投入したとたん、それまで「ほ〜」とした表情でくつろいでいた亀たちが、一瞬で獰猛な顔つきにかわるのも見ものです。

陸生のカメの場合は新鮮な葉野菜を中心に、リンゴやバナナ、市販の「リクガメフード」などを与えます。春先、花のつく頃のタンポポの葉も大好きですが、紫外線が強い夏場になると苦くなるのか食べなくなります。

太陽の傾きにあわせて水槽を移動させます。
自由行動のつぶさんもついてきます。
亀はソーラーパワーで動くのです。

日光浴

• 屋外の注意点

夏場の直射日光は非常に危険です。必ず日陰の部分や水場などをつくり、亀が自分で日光に当たることを選べるような環境にしましょう。遮るもののない庭やベランダに放置すると、数十分で死んでしまうことがあります。

適度な日光が当たっていれば、
どんな場所でも極楽。

• 屋内の注意点

ガラス越しでは紫外線が遮られてしまうので意味がありません。また、夏場の窓際はかなり温度が上がるので、その点も注意。

紫外線の出る、バスキングランプは必須。取り付け位置が低すぎると、近づきすぎてやけどすることがあるので注意。照射時間はそれぞれの亀の生態に合わせます。たまにはケージごと庭やベランダに出して「本当の日光浴」もさせましょう。

池の亀。この水面に小さくぽつぽつと浮かんでいるのは、全部亀の頭。あんまり暑いと亀だってしんどいのです。８月の東京・有栖川宮記念公園で。

太り過ぎて甲羅からはみだしている
クリイロハコヨコクビガメ。
じつは矢部先生の亀です。
「いやぁ、顔を見ると
ほしがるもんだからつい……」と。
しかもこの亀、淡水生なのに
「カナヅチ」なのだそう。

また我が家では、淡水生、陸生、どちらの亀も裏庭にいるナメクジやカタツムリ（殻ごと）、羽化に失敗した蝉などを勝手に食べているのを見かけることもあります。

ペットショップをのぞくと、爬虫類用のいろいろなビタミン剤なども並んでいますが、これらはあくまで補助と考え、過信は禁物。それぞれの食性にあわせ、バランスのとれたエサをあたえるようにしましょう。

飼育下では、食べ過ぎて太ることが多いので、いくら喜んで食べるからといっても、エサのやりすぎには注意。太ると甲羅に入りきらなくなるのです。「亀が自分の甲羅に入れない」。これほど情けないこともありませんし、内臓疾患の誘因にもなるのはヒトと同じです。

カメのエサいろいろ

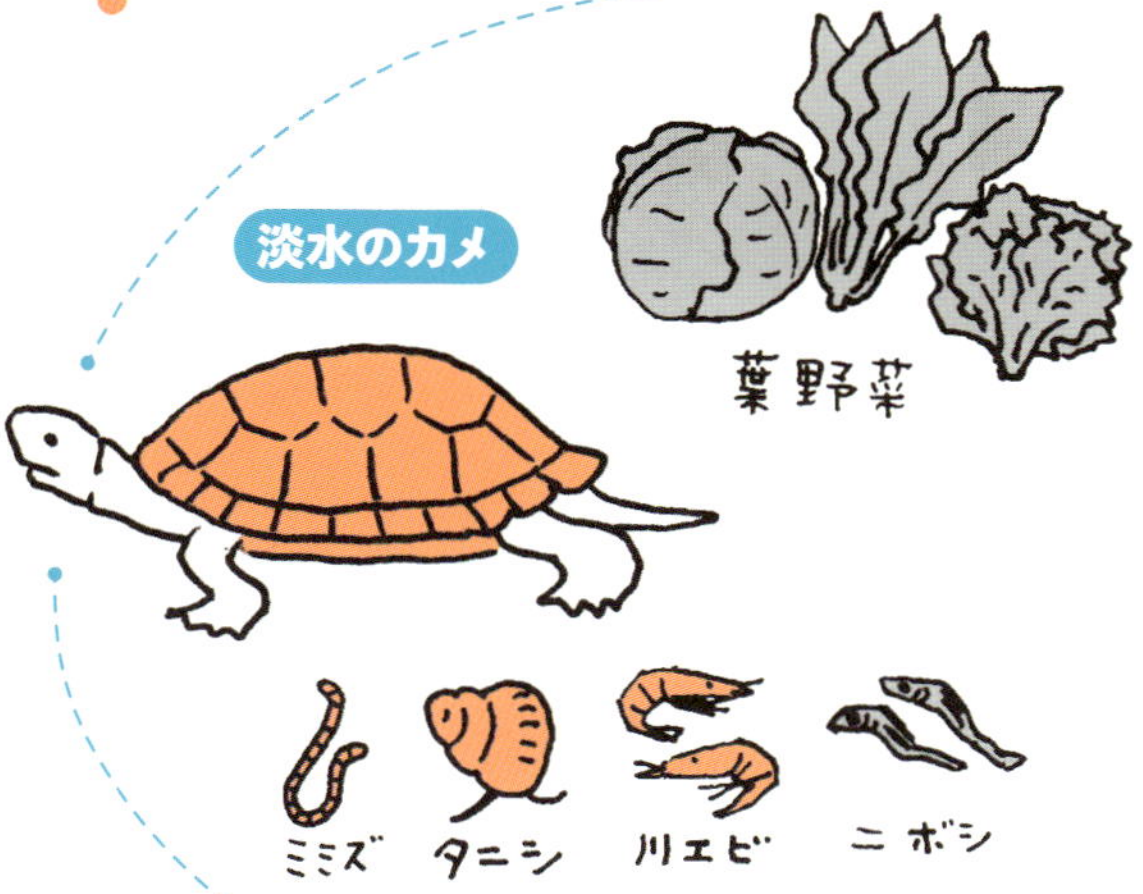

市販のエサ

注意：レプトミンは大人のカメには栄養価が高いので成長期の子亀向き。大人の亀にはほどほどに（太る！）。著者はキョーリン派。

果物・葉っぱ

市販のエサ

タンポポの葉は、わたしもちょっと食べてみようかしらと思うほど、美味しそうに食べます。桑の葉も好き。

雨が降ると、よく裏庭の隅に行って
雨にあたっているつぶさん。
水をあまり飲まないぶんを補っているようです。

乾燥地帯にすむ陸生の亀も水分は必要。
こうしてときどき温浴をさせると
水分補給になり、
排泄もうながされます。

亀の病気、亀とのコミュニケーション

亀は辛抱強い生き物なので、目に見えて具合が悪くなった時は、十中八九手遅れです。

食欲に排泄、甲羅や皮膚の状態や目の輝き、歩き方。日々それらについて観察しながら、気になるところがあればその原因や解決方法を考えます。犬や猫のように病院にかかることもむずかしいので「治療」よりはまず「予防」につとめましょう。104ページの本のところでもご紹介した『カメの家庭医学』などが参考になります。うちのかわいい亀の健康は、ひとえに飼育しているわたしたちの努力と想像力にかかっています。

また、爬虫類全般にいえることですが、犬や猫をなでるような感覚で触ると、こちらはいくらかわいがっているつもりでも、亀にとってはストレスでしかない場合がほとんど。「亀をかわいがる」ということはすなわち「快適な環境を整え、したいようにしている様子を見守る」と考えるくらいがベストです。

亀の病気

	甲羅	皮膚（淡水生のカメに多い）	栄養障害
症状	変形する。柔らかくなる。成長障害。	手足や首に水カビのような斑ができたり、皮膚の下に脂肪の塊のような膿がたまる。皮膚がふやけてはがれる。	まぶたが腫れあがる。まぶたが開かなくなる。発育不良。肥満。内臓疾患。
原因	日光浴不足（ビタミンD_3不足によるカルシウムの欠乏）、エサの偏りによるビタミン、ミネラル等の栄養素の不足。水棲の亀を長期間室内で放し飼いにした場合におこる過乾燥。	水槽内の水の汚れ、適切でない水温下での飼育による感染症。	エサの偏りによるビタミン、ミネラル不足。
予防改善注意点	屋外での日光浴を積極的に行う。なるべくいろいろな種類のエサを与える。水棲の亀を1日中外へ出しておくことは避ける。一度変形した甲羅は元にもどらないので、小さい時から気をつけましょう。	良好な水質と水温の維持。子亀は特にかかりやすい。症状が出ている場合は、ほかの亀への感染を防ぐ意味からも別の水槽に移し、1日に数時間ほど強制的に体を乾かす。著者は、水槽の中にうがい薬のイソジンを数滴おとして殺菌することがある。他にアオコ、紅茶も有効という意見も。	好物がかならずしも亀の身体によいとは限らないので、なるべくいろいろな種類のエサを与える。ミズガメ、リクガメともに、栄養バランスを考えて作られている市販の配合飼料を基本に与えるとトラブルは起こりにくい。エサのやりすぎにも注意。
	日射病	外傷	風邪（陸生のカメに多い）
症状	第1段階：その場から逃れようと激しく暴れる。 第2段階：泡を吹くなどしてぐったりしている。	甲羅や皮膚に傷ができる。尻尾がちぎれる。	鼻汁が出る。鼻ちょうちんが膨らんでいる。口を開けて苦しそうに息をする。
原因	長時間直射日光にあてたため、体温が上昇しすぎた。	亀同士の誤食、犬に咬まれる、高所からの落下、交通事故。	急激な温度や湿度の変化。冬場、夏場のクーラーによる低温。
予防改善注意点	直射日光には長時間あてないようにする。日光浴の際は、かならず日陰をつくり、体温調節ができるようにする。夏場の日光浴は午前中、あまり日の高くならないうちに行う。もし日射病になった場合、第一段階ならば、ゆっくり体温を下げるよう日陰にうつし、第二段階ならばすぐに水につける。ただし、すでにぐったりしている場合は助からないことも多い。屋内でも、窓辺は温度があがりやすいので注意が必要。	亀は意外に運動量の多い生き物なので、なるべく広いスペースを確保する。咬みぐせのある個体は隔離する。亀に関心をもつ犬は多いので、犬には注意。落下事故に気をつける。甲羅の外傷は決して元に戻りません。	温度、湿度とも本来の生息地の環境に近づける。飼育ケースを断熱材で囲うなどして温度が下がりすぎないようにする。

気温が下がるにつれ、
だんだんと動きがにぶくなります。

桜の咲く頃、
どこからともなく現れたシマ子さん。

冬眠・繁殖

毎年、桜が咲きはじめると「ああ、そろそろ亀が起きるな」と水槽の準備をはじめます。

ある年も、前年の秋から行方をくらましていたヤエヤマイシガメのシマ子さんが、まさに満開という日にどこからともなくひょっこりと現われました。裏庭のどこかに、秘密の冬眠スポットがあるようなのです。

桜前線が北上するように亀前線というのも、ひっそりと日本列島を進んで行くのでしょうか。そして5月の連休が近づく頃には近くの川で亀が泳いでいるのをみかけるようになり、やがて我が家の亀たちもエサを食べはじめます。

変温動物、という言葉を理科の時間に習った思い出がありますが、亀は人間のように体温を一定に保つ機能をもたず、気温の上下にともなって体温も上がり下がりします。

夏場は思いがけない速さでさっさと歩く亀も、冬が近づくにつ

じっと眠って越冬。
淡水ガメは、ほとんどの場合水底で眠ります。

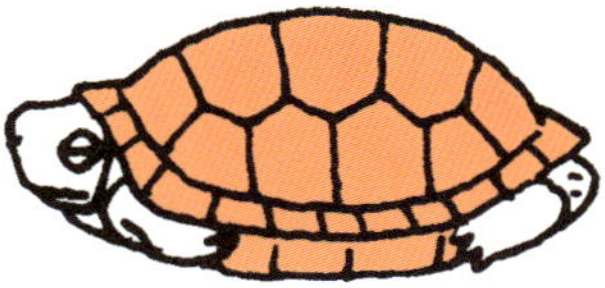

暖房が恋しい季節になると、
ほとんど動かなくなります。

れ、まるでネジの切れかけたおもちゃのように、だんだんと動きが鈍くなり、10℃以下になるとほぼストップし冬眠にはいります。「冬の初めに土に埋めて『冬眠』させた亀を、春になって掘り返してみたら干からびて死んでいた」

胸の痛む話ですが、子どもの頃に亀を飼ったことのある人に話を聞いていると、これはほかのどんなことよりもいちばんよく出てくるエピソードです。わたしにも経験があります。

それまで、家のまわりの田んぼや川でつかまえてきていた亀は、たいてい10センチ以上の大人の亀だったのですが、ある日、縁日で見かけた生まれたばかりのような子亀が珍しくてかわいらしくて「亀なんか、田んぼにいくらでもいるじゃないか」としぶる親にねだって買ってもらいました。

ある程度の大きさに成長した亀なら、子どものわたしがいいかげんに世話をしていても、それなりには辛抱してくれていたのですが、子亀はそうはいきません。孵化後、1歳になるまで生きられる個体はわずかという、とても弱くデリケートな生き物です。でもそんなことなど知るよしもないわたしは、その小さな亀もおなじようにほったらかしにしていたのです。

亀が眠っている間、
人間は冬休み。

春になり、玄関の脇においていた飼育ケースの中から、干からびて、まるで中身がいなくなったような甲羅をつまみあげた時の光景は、いまでも忘れられません。

自然界でも、特に小さなうちは冬眠中に死んでしまうことも多いため、飼育下で冬眠させる、させないについての賛否は分かれます。ただ、繁殖させるためには冬の寒さを経験させることが必要。また、成熟した個体を何匹も飼っている場合、水槽の水替えだけでも重労働ですから「冬のあいだはお休みいただき、世話をするほうもお休み」という方針の人も多いです。

わたし自身も基本的には冬眠させる派。

店亀であるホルスフィールドリクガメのつぶさんと家で猫と暮らすクサガメのサヨイチくん以外の６匹は、秋も深まってくると水槽の水を深くして、事前にアク抜きをした落ち葉などを入れ、次の春が来るまで冬眠させます。

室内で加温越冬させている友人などからは「さみしくない？」と尋ねられますが、どうでしょう、「さみしくもラクチン」といったところでしょうか。

現在、周囲でニホンイシガメやクサガメ、ミシシッピアカミミガ

桜の花を愛でる
ニホンイシガメのむいちゃん。
ほんとうは日光のほうを
向いているだけですが。

メなどを飼っている人の話を総合すると、水槽の水を深くして、その中で冬眠させるという方法がいちばん失敗が少ないようです。真水というのは零度以下には下がらないので、いちばん安定しているのです。ただ、あんまり浅い水だと、水温が変化しやすく、せっかく眠っている亀が目を覚ましたり、また眠ったりすることになるとかえって危険。水深は、おおよそ甲羅の高さの2倍くらいに し、置き場も家の北側にある納屋などが理想的。日が当たらない静かな場所を探してください。

そういえば、もう20年ちかく、そんなふうに「冬場は水を深くしてほったらかし」で飼っていた亀を、ある年、中途半端に聞いた話をもとに、落ち葉だけで冬眠させたところ、乾燥しすぎたせいか、翌春、起きてこなかったという非常に残念で悲しい話もあるのです。いくら大きくなった亀とはいえ、安心はできません。

冬眠中の呼吸について

自然での淡水生のカメは、同じように肺で呼吸するカエルやトカゲとは異なり、水底で冬眠します。

いくら泳げるとはいえ、足場のない深い水槽などに入れてしまう

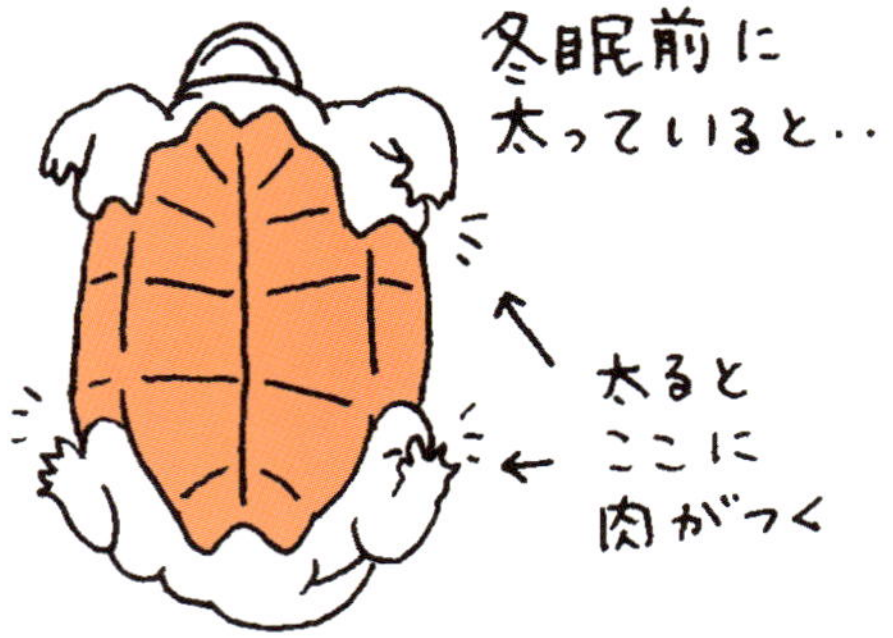
冬眠前に
太っていると・・
太ると
ここに
肉がつく

と溺れることもあるのですが、でも冬眠中は何カ月ものあいだ、一度も水面に顔を出さずに過ごしています。

いったいこれはどうなっているのだろう、と常々不思議に思っていました。

イシガメやクサガメは、食道の内側のひだや、総排出口と呼ばれる肛門の奥にある副膀胱という器官の毛細血管から水中の酸素を吸収できるようで、水温が下がり、代謝が落ちている時には、そのわずかな酸素でしのぐことができるらしいのです。

起きていたら溺れることもあるのに、寝ていたら溺れないなんて、なんという不思議な生き物。

ところで、冬眠のためにたくさんのエサを食べ脂肪を蓄えるクマなどと違って、亀は越冬のための「冬支度」をまったくしません。夏の終わり頃から、気温水温が下がるにしたがってだんだんと食べる量が減り、秋も深まる頃になるといっさい何も食べなくなります。そしてそのまま春までじっとしているのですから、ずぼら、というかなんというか。危機感というものがまるで感じられません。

もちろんこれは、その必要がないからなのでしょう。無理に食べさせると眠っているあいだに腸内に残った食物が腐敗しかえって危

険です。

ではなぜ「食いだめ」の必要がないのでしょう。

それは、外気温の低下とともに下がる体温のせいで、代謝がほぼストップし、それこそ「石」に似た状態になるためのようなのです。ある知人によれば「冬眠前に太らせたら、春になっても太ったまま起きてきちゃった」ということ。冬眠中は消耗すらもほとんどしないからららしいのです。

また、もともとの代謝量が低いためか、ヘビなどとくらべると活動期から冬眠期に入る際のはっきりとした切り替わりもないようです。そういえば、特にミシシッピアカミミガメなどは、真冬でも気温の高い日や日が差しているような時は、水の中から出てきて甲羅干しをしているのをみかけます。

監修の矢部先生によれば「亀の場合、冬眠、というよりは、越冬、と言ったほうが適切かな。寒くて動きたくないから動かない、ということかもね」ということ。なんだかやっぱり、ずぼら。

ただ、冬場の寒さの厳しい地域では、いくら晴れた日でも水の中から出てくるようなことはないので、わたしの住む瀬戸内の温暖な地方とくらべると、同じ亀でも外気の温度によって眠りの深さが違うのかもしれません。

そのあたりも、かなり環境にあわせて対応できる、いい意味で「規則性のない」生き物なんだろうと思います。

冬のある日、無事をたしかめるために
冬眠用のケースを引き出してみたら、
うとうとしながらも水面まで上がってきました。

京都の鴨川の交差点で拾われた
アカミミの子亀のれき死体。
5月の終わりごろということなので、
土から這い出して間もなかったのでしょう。
飼育している亀も、気づかぬうちに這い出して
みえないところで干からびたりしないよう注意が必要です。

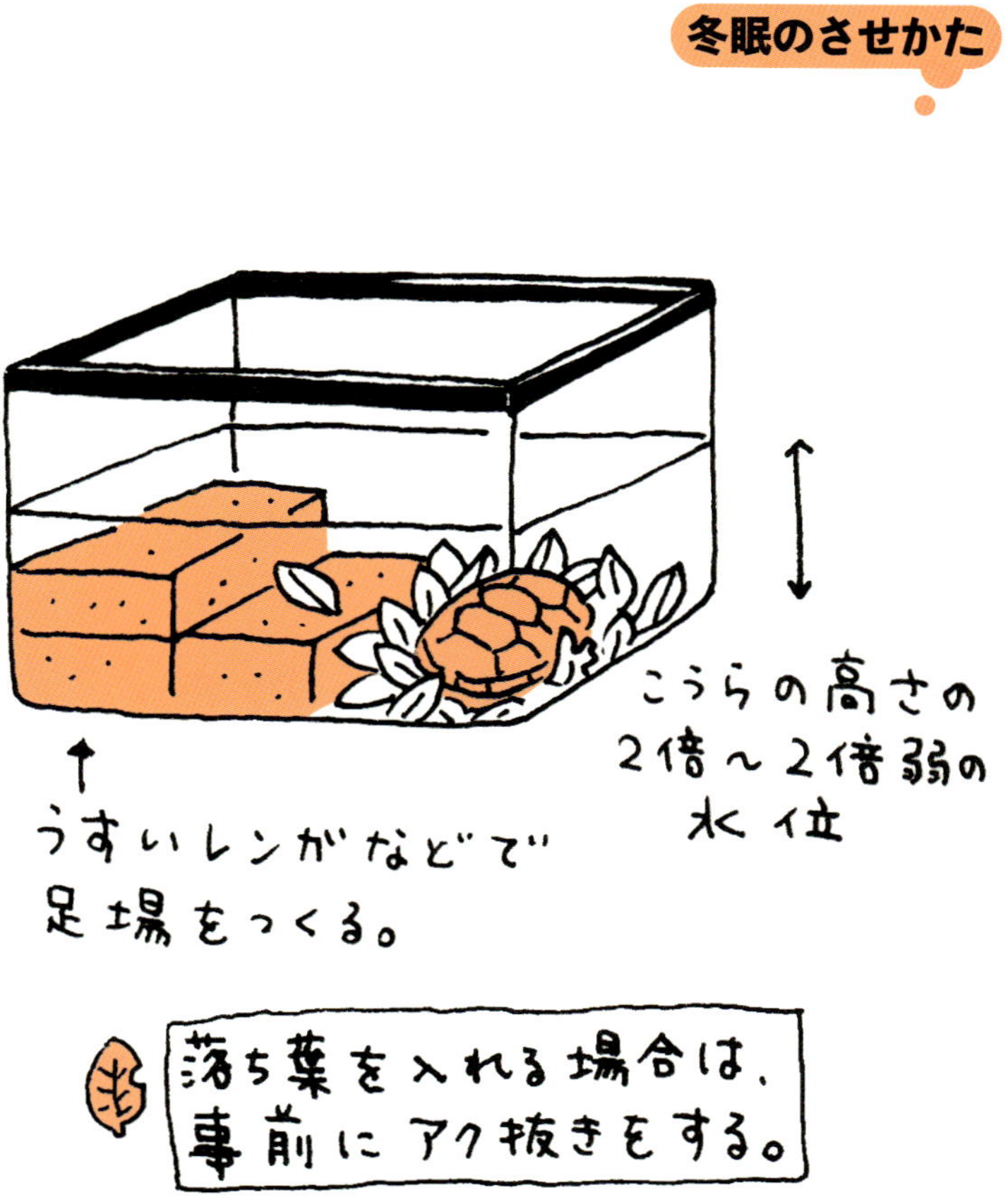
冬眠のさせかた
こうらの高さの
２倍〜２倍弱の
水位
うすいレンガなどで
足場をつくる。
落ち葉を入れる場合は、
事前にアク抜きをする。

置き場所は、北側の納屋などが理想的。日の当たらない暗く静かな場所に置きましょう。凍りそうな場合は上から寒冷紗などをかぶせます。日の当たるところは寝たり起きたりしてかえって危険。
落ち葉のアク抜きは「数日水に浸けおいては水替え」を２〜３回繰り返す。

クサガメは小卵多産。

ニホンイシガメは大卵少産。

産卵・孵化

亀の産卵と孵化

ウミガメの産卵は有名ですが、淡水生のカメも陸生のカメも同じように後ろ脚で土を掘って産卵します。季節は夏。

野生では、ふだん生活している場所から、かなり離れたところまで行って産むことが多いのですが、飼育下ではそうはいかず、水槽の中やベランダのコンクリートの上にそのまま産むことが大半です。

淡水生のカメの卵は、だいたい4センチ前後の楕円形で、身近なものでいえばナツメ球に似た形と大きさ。陸生のカメはもうすこし幅のある、やや球形に近い形のものが多く、スッポンはまんまる。

1回に産む数は種類によって2〜3コから多いものでは数十個になるものまでさまざま。そして順調にいけば、それから2〜3カ月(9月〜10月頃)すると孵化し、殻を破った子亀が土の中から這い出

亀知識　産卵場所

ニホンイシガメはふだんの生活圏から比較的近い場所に、クサガメやミシシッピアカミミガメは、かなり離れた場所まで行って産卵します。これは、河川の上流域に棲むイシガメに対し、中流～下流域に棲むクサガメなどは増水によって卵が流されてしまう危険性があるからだろうと言われています。

てきます。

イシガメは孵化後すぐに表へ出てきますが、クサガメやミシシッピアカミミガメは孵化後そのまま土の中で越冬し、翌春あたたかい雨が降った際の刺激で地上へと出てきます。

また、ニホンイシガメとクサガメでは卵の大きさや数、産む場所、時間帯にも違いがあります。

イシガメは早朝から午前8時くらいまでのあいだに、乾いた土の中に幅2センチ長さ4センチくらいの卵を、1回の産卵あたり6～7個。クサガメは、午後から夜にかけて、湿った土の中に、イシガメよりやや小ぶりの卵を10個前後、だいたい年2回産みます（ニホンイシガメやヤエヤマイシガメは「大卵少産」、クサガメやスッポンは「小卵多産」といわれます）。

うちのヤエヤマイシガメは、夕方から深夜にかけて産んでいました。熱帯や亜熱帯地域の亀は暑さや紫外線を避けるせいか夜行性のものが多いので、産卵の時間帯が遅いというのも、そんな理由からかもしれません。いずれにしても、それぞれの種がより多くの子孫を残すために最適の条件が選ばれているようです。

飼育下で孵化をさせる場合は、卵をみつけたらすぐに回収し、あ

落ち着く場所を探し、
後ろ脚で土を掘りはじめます。

産み落とすときは
首を引っ込めています。

撮影：尾上太一

らかじめ用意しておいたケースにバーミキュライトや硬く絞ったミズゴケを敷き、その上に安置。そのまま動かさないように2〜3カ月ほど置きます（詳しくは148ページ参照）。

亀の卵は地面に産み付けられてから発生がスタートします。生まれて1日ほどたつとに胚が形成されるのですが、それ以降に卵を動かしてしまうとその胚がつぶれてしまうため、回収は迅速に、そして一度安置したら絶対に動かさないようにすることが大切です。

胚が形成され、卵の中で着々と育っている場合は、卵の中央に受精斑という白い帯状のにごりが現われます。

反対に、いくら待ってもこの受精斑が現われない場合は、すでに胚がつぶれてしまっているか、もしくはもともと無精卵だったという可能性もあります。メスの亀だけを飼っていても無精卵を産むことがありますが、オスとメスがいて、交尾が成立している場合でも、有精卵と無精卵の両方を産むこともあるようです。また、遅延受精とよばれていますが、メスは交尾のあと、精子を長期間体内に蓄えることができる（「もち腹」ともいう）そうです。このせいで、交尾をしなくても数年間は有精卵を産むことができるということ。受精したとなれば十月十日で切羽詰まって生まれてくるヒトの場合を

1 回の産卵で 3 個から
10 数個産みます。

また元通りに
土をかぶせてならします。

考えると、なんだか信じられないような気持ちです。

また、孵化した子亀たちを調べると、複数の父親の遺伝子が混在していることがあるのだそうです。これは「多父系」と言われるのですが、こうして多様な遺伝子を残すことにより長期的な環境の変化への順応性を高めるためだとされています。

次世代の誕生のためには、まずはなにより交尾が必要。亀は、冬の寒さを経験することにより、翌シーズン発情し交尾にいたります。飼育下で産卵、孵化を望む場合は冬眠が必須になります。

温帯の亀の交尾のピークは春と秋。イシガメの場合は秋がピークで、春は小ピークといった様子だそうです。

ところで、亀は「自分の子ども」という認識がないので、雑食や肉食の種類の場合、あやまって自分たちの子どもや卵を食べてしまったりしないのだろうかという素朴な疑問があったのですが、矢部先生によれば、狭い環境の中では充分ありうるということでした。

1

卵をみつけたら、決してひっくり返さないように、そのままそおっと取り出します。反転させると、形成されつつある胚がつぶれてしまうので要注意。

2

あらかじめ、固く絞ったミズゴケを敷いた容器を準備しておき、その中に並べます。

3

日の当たらない、風通しのいい静かな場所に置き、ときどき霧吹きをします。

4

おおよそ２カ月くらいすると孵化しはじめます。それまで透明感のあった卵が急に白っぽくなるのが目印。しばらくすると殻にヒビが入りはじめます。

5

手足がのぞいたり頭がのぞいたり、じっくりゆっくり時間をかけて子亀が誕生します。

仲良しのタマ夫とシマ子。

タマシマ夫妻の家。

シマ子さんの産卵

ある夏、ヤエヤマイシガメのシマ子さんが卵を産みました。

このヤエヤマイシガメは、タマ夫というオスとともに店の裏庭で飼っているのですが、前年の様子から、どうやら今年は卵を産みそうだという予感がしたので、水槽から自由に出入りできるように環境を整えていたのです。ちょうどその矢先の出来事でした。

ふだんわたしが店番をしている畳敷きの帳場のすぐ向こうが裏庭で、そこにレンガを積んで亀用の階段を作っています。

もとは、帳場で飼っているホルスフィールドリクガメのつぶさんが出入りするためのものだったのですが、いまでは、各亀がその日の気分によって利用しています。

それぞれ、たいてい1～2時間もするとまた裏庭へ戻っていくのですが、その年のシマ子さんは、朝、わたしが店に出てきてその掃出しのサッシを開けるのを待ちかねて帳場まであがると、ほぼ一日中、あちこちの隙間に入ってはまた出てくる、ということを繰り返

足の付け根がだぶだぶしていました。

ついに、植木鉢の中に産みました。

していました。たぶん、卵を産む場所を探していたのでしょう。

裏庭には土の部分もあり、そこで産んでくれたらと期待していたのですが、どうも、あまり気に入らない様子なのです。そしてある日、帳場の周囲ではいちばん落ち着くらしい場所で、四肢を投げ出して、後ろ脚で土を掻くような仕草をはじめました。もちろん、畳の上なので、いくら掻いても掘れるわけはないのですが。

これは困ったな、と思い、今度はなるべく室内にはいれないようにしてみました。

そして数日様子をうかがっていたところ、ある日の夕方、裏庭の隅っこにある枇杷の木の鉢植えの上でなにやらごそごそしているのに気がつきました。そおっと近づいてみると、鉢の中に掘った穴に、すでにひとつ卵がみえたのです。

それから見守ること数時間。途中で自ら踏みつぶしてしまったものも入れると計4個産みました。

うちにいるヤエヤマイシガメはメスのほうが小柄なタイプ。甲長13センチ程度しかないのに、卵の大きさは3センチ〜4センチ近くもあります。人間なら、おなかが膨らみますが、あの硬い甲羅におおわれた亀はそんなわけにはいきません。

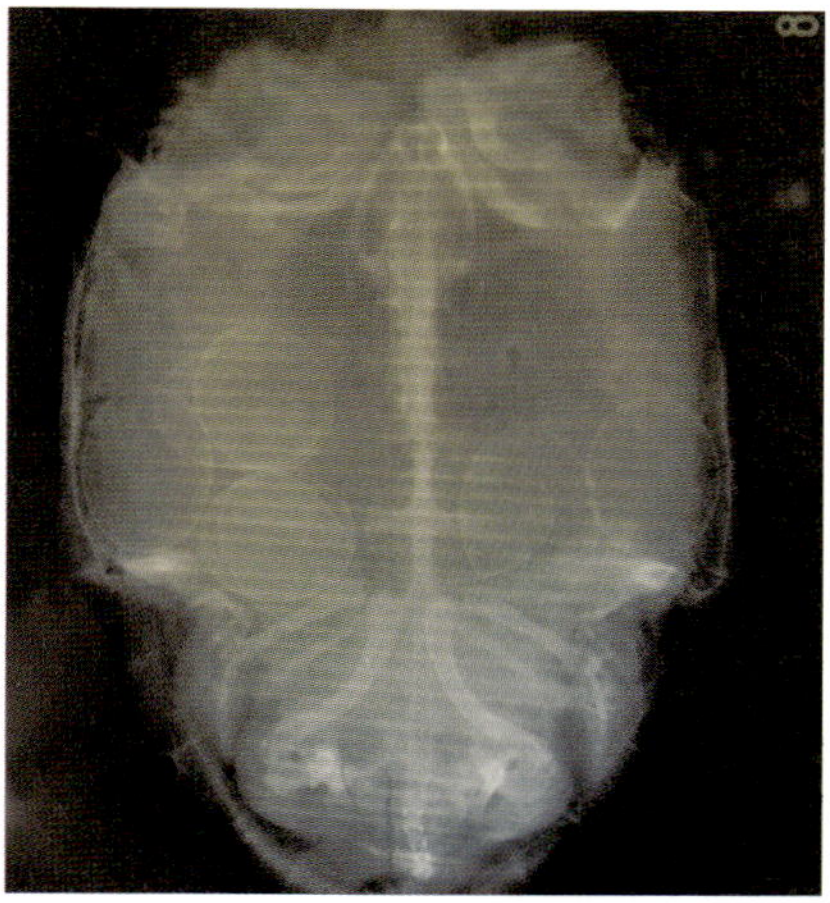

卵を抱えた母亀のレントゲン写真。
一見柔軟性のなさそうな体の中に、
こんなに沢山の卵が。
ちなみに、この母亀と子亀の
その後の追跡調査によれば、
この時のＸ線照射による
悪影響はみられていないそうです。

いったいどうやってはいっていたのか、その現場を目撃したいまでさえも、不思議でなりません。まさか出てくる瞬間に膨らむ、なんてこともないでしょうから。

ただ、その頃、甲羅の隙間の脇のあたりが、みょうにだぶだぶはみ出ていたような気はします。

ところで、その時期の夫、タマ夫の様子。昨年はただひたすらシマ子の上に乗っていたものが、その気配はまったくなく、むしろ帳場でうろうろするシマ子を追ってみたり、まるで寄り添うようにじっとそばにいたりしていました。

へえ、たいしたもんだと思っていたのですが、シマ子が産卵を終え、ちゃぷんと水槽に戻った途端いきなり乗りかかって行ったのには、さらにたいしたもんだと思わされたのでした。

期待していたシマ子さんの卵の孵化ですが、残念ながら失敗してしまいました。

この本で、孵化の様子を紹介するのは無理だなあとあきらめかけていた矢先、亀仲間の知久寿焼さんから「クサガメが孵化するところ、ビデオに撮ったんだけど見る？」という願ってもないような知

生まれて間もない
クサガメ（ちょき）。

らせが。さっそくその映像をお借りして、いろいろとお話を伺ったうえで、いざビデオ学習。以下はそのレポートです。

それまで、うっすらと透明感のあった卵が、急に白っぽくなるのが孵化のはじまる合図。そしてヒビが入りはじめます。でも、すぐにバリバリと殻をやぶって出てくるのではなく、そこからさらに数時間、手を出したり、頭を出したりまた引っ込めたりしながら、場合によっては丸一日ほどもかけて、ようやく子亀誕生です。

孵化する時の子亀の鼻先には「卵角」とよばれる小さなツノがあります。これは、内側から殻をやぶるためのもの（孵化後はとれます）。

様子を見ていると、まずはじめに手（前脚）がのぞきました。そのかわいらしいこと。そして、その手を出したり引っ込めたり、まるで外の空気を少しずつ自分に馴染ませているかのように、もぞもぞもぞもぞ、のろのろのろのろ、ゆっくりと姿をあらわします。

亀の卵は、わたしたちが台所で馴染んでいるニワトリの卵とくらべると、なんとなくピンポン玉のようなペコペコした質感があり、意外と硬いです。これを10円玉ほどの大きさのちび亀が自力で破って出てくるのですから、時間がかかるのも無理はありません。その

生後数カ月の
ニホンイシガメ（むいちゃん）。

破れた殻を触ってみたことがあるのですが、それはまるで厚めのビニールのようで、そしてそれが乾燥するとパリパリになりました。

ところで、ニホンイシガメの子亀がゼニガメ（銭亀）と呼ばれるように、小さな頃の甲羅はほぼ正円です。

でも卵はといえば細長い楕円体をしているので、いったいどれくらいの大きさのものが、どうやって入っているのか、ずっと不思議に思っていました。

孵化したばかりの子亀の甲羅は、その楕円の殻に沿うように、すこし細長く、おなかにはしわがあり、内側にまるまったような形をしていました。それが、時間の経過とともにゆっくりと広がって正円に近づきます。なんとなく花の蕾が開く感じに近いでしょうか。生まれたての甲羅はまだ押すとへこむほど柔らかな感触です。

卵の、幅2センチ、直径4センチ前後に対して、出てきた子亀の甲羅は2〜3センチ。

亀らしく、ゆっくりじっくり、時には途中で寝ちゃったのではないかと思うほど時間をかけて出てくる様子はいじましくも、愛らしいものでした。

ビデオ学習

クサガメの誕生シーンを
ビデオで学習しました。

頭や手足を出しては引っ込め、
出しては引っ込め。
最初にヒビが入ってからここまでくるにも
すでに数時間経過しています。

おっかなびっくりといった様子で
ちょっとずつ外気に慣れていきます。

にゅーっと頭を出しました。
だいぶ決心がついたようです。

ついに出てきました！
子亀誕生！
個体差がありますが、
数時間～ひと晩くらい
かかります。

甲羅はまだ卵の形に沿って、
内側にまるまっています。

卵から出ると、
一目散にミズゴケの中へもぐっていきました。
おつかれさま。またのちほど。

撮影：知久寿焼

コラム 3

最後の猫亀ショー

この本の中に何度となく登場する猫のナドさん。じつは昨年の秋に17歳の猫生（にゃんせい）を全うし、旅立って行きました。人間でいえば80〜90歳に相当する年齢。その1年ほど前から老いの兆候が顕著となり、覚悟はしていたのですが、いままでそばにいた存在がいなくなる、ということはどうあっても寂しいものです。

生まれつきのハンター気質で気むずかしいところがあったのですが、猫にしては高い場所は苦手で、地べたの亀と接する機会が多くありました。年をとるにつれ性格的に角がとれてきたせいか、まとわりついてくる亀のサヨイチの相手をしてやることも増え、我が家ではすっかりお馴染みの風景に。この本を書きたいと思ったのも、そんなナドさんとサヨイチのやりとりがあまりにも興味深かったせいでした。

その亀と猫の様子については、この本に書いたとおりです。どちらも、あまり人見知りはしないので、お客さんの前でもふだんどおりの様子。特に、それまで亀という生き物にあまり興味のなかった人などからは、目を丸くして驚かれることもありました。中にはこれを「猫亀ショー」と名づけて楽しみにして来られる方まであり、我が家のちょっとした名物にもなっていました。

昨年の夏のおわり、担当編集者である飛田淳子さんが取材を兼ねて訪ねてこられた時のことです。当時すでに亀の相手は億劫になり、積み上げた座布団の上など、亀には登れない、やや高い場所で寝ていることの多かったナドさんなのですが、飛田さんの姿をみるや、すっくと立ち上がり、サヨイチを従えて家の中をあちらへこちらへ。それも、いままでにもなかったほど長い時間

「ショー」を披露してくれました。サヨイチも、ひさしぶりのことに大変なハイテンション。

その時はまだ、こんなにもすぐにナドさんがいなくなってしまうとは思っていなかったのですが、その後、だんだんと弱っていき、亀のほうも、気温が下がって動かない季節となったので、いま思えばそれが最後の「猫亀ショー」となったのでした。

「さよちやんがろうかぉはしてみるをぉいか」

これはつい最近、生まれてはじめて携帯電話を持った母親からの初メールの内容です。

訳すと「サヨちゃんが、ミルを追いかけて廊下を走っています」といったところ。ナドさんが死んだ時、ふと「サヨちゃん、春になって起きてきたら、ナドさんを探すんだろうなあ」と心配になったのですが、とりあえず今日も元気に目の前のミルさんを追いかけている様子にはひと安心。

ただ、「ナドさんいないな」くらいのことは思っているような気がするのです。

第4章
よその亀

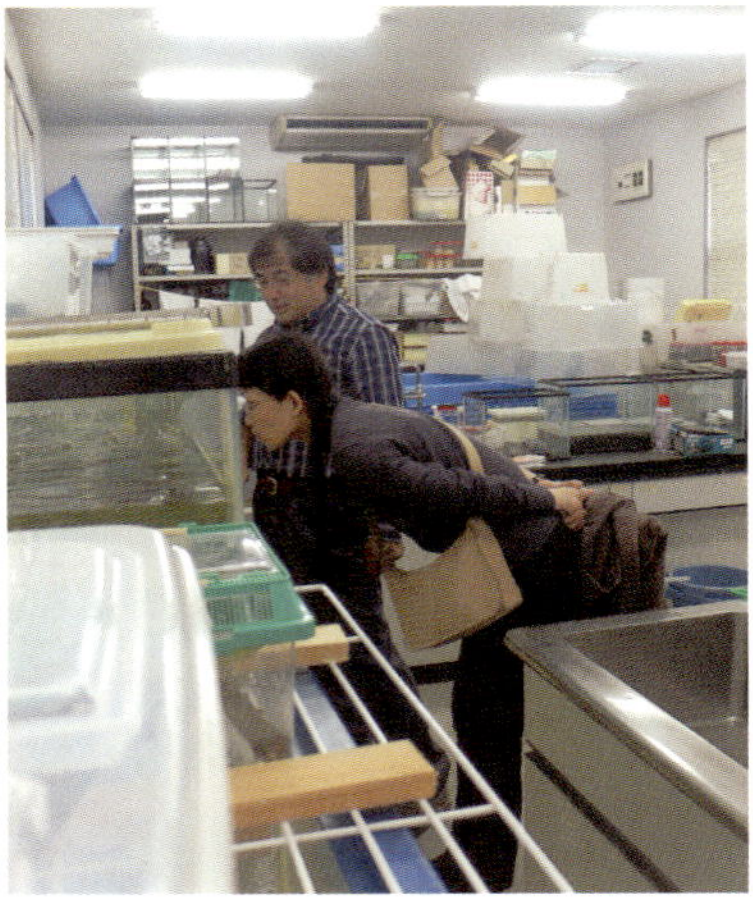

大学の敷地内にある
カメハウスの内部。

矢部隆先生訪問記

亀の本を書くことになった時、いちばん気掛かりだったのが、はたして学術的な面からみても正しいものにできるだろうか、ということでした。いくら気軽なエッセイとはいっても、あくまで科学の本。間違ったことを書くわけにはいきません。困ったな、と思っていた矢先、編集担当の飛田さんから「（WAVE出版の）社長の親友の同僚に、矢部隆さんという亀の研究をされてる方がおられるそうです」という連絡が。

矢部隆さんといえば、わたしの愛読書で、この本を書くきっかけのひとつでもある『うちのカメ』で解説を書いておられる方。現在では国産種の亀の研究や保護活動についての第一人者です。正直なところ畏れ多いほどでしたが、もしもお願いできるものなら、とさっそく出版社を通じて監修を依頼したところ、快く引き受けてくださいました。

矢部先生の研究室は、愛知県豊田市郊外の愛知学泉大学の中にあ

調査のため一時的に保護されている
ニホンイシガメ。水が赤く濁っているのは
ザリガニを食べたせいです。

フロリダ州立公園で矢部先生が捕まえた
ミシシッピニオイガメ(右)とリバークーター(左)。
インド人やカンボジア人の方々
数人とで亀みつけ競争をした結果、
矢部先生が一番だったそう。

ります。

国産種のニホンイシガメ、クサガメの研究がご専門ときけば、どこか優雅なイメージすらわいてきますが、しかし「亀のことなら矢部先生」と言われるほどの方ですので、ここには、日々あちこちから調査や識別の依頼が舞い込んで、大変にご多忙の様子でした。

敷地内にある「カメハウス」では、野外調査で捕獲され、個体識別の印をつけるために一時的に保護されているイシガメやクサガメ、また交雑が明らかなため、野外へ返せない個体などを中心に、スッポンやワニガメ、カミツキガメ、また先生の「趣味」で飼われているトゲヤマガメなどもいて、とにかく亀だらけ。亀好きにとっては、ちょっとした「夢の空間」といったおもむきです。

また、ご自宅の亀の池でも、野外へ戻すわけにはいかない交雑種（かなり珍しい交雑もアリ）を中心に、セマルハコガメやカロリナハコガメなど、それぞれ「淡水生（メス）」「淡水生（オス）」「ハコガメ（メス）」「ハコガメ（オス）」との4つの居住区に分け、これ以上は繁殖しないように飼育されていました。

ただ、やはり先生も「ほんと言うと、卵が生まれてそれが孵るというのは、単純にうれしいことなんですけどね」とも。

ご自宅の
カロリナハコガメの
みなさん。

ところで、今回お話を伺うまで知らなかったのですが、「かつて田んぼや畑で普通に見かけていた亀」といえばわたしの住む西日本では当然のようにクサガメを指しますが、愛知県あたりではイシガメのことなのだそうです。

たとえば「お肉」といえば、関西では牛のこと、関東では豚のこと、また味付けなどもだいたい愛知県あたりに境目があるといいます。亀の基本種というのも、ちょうどそんな感じで分かれているようでした。

わたしなど、野生のイシガメなど見かけたら、うれしくてついつい小躍りしたくなりますが、矢部先生はといえば、「イシガメはけっこういるから、その研究はけっこう進んできたんですけど、クサガメはあんまりいないからまだまだでねえ」とまるで反対。まさに、ところかわれば、でした。ちなみに、濃尾平野はクサガメが中心で、それ以外の丘陵地はイシガメなのだそうです。

矢部先生にお会いするにあたって、じつは少し恐れていたことがありました。というのも、わたし自身を含め、亀好きというのは、たいてい外国産の珍しい種類も大好きで、飼育は困難とされるものでさえ、機会さえあればつい手を出してしまうようなところがあり

カミツキガメを抱える
矢部先生。

ます。

そんな亀好きのコレクター的な心理について、国産種の研究と保護に尽力されている矢部先生は、いったいどう思われているのだろう。そんな不安のような気持ちがあったのです。

でもそれは、実際にお会いしてお話を伺っているうちにすぐ解消されました。やはり先生もそんな亀好きのひとり。誰々さんは国内でナニナニを繁殖させているんですよ、とか、どこそこにアレがたくさんいて、よっぽど1匹つれて帰ろうかと思ったんだけどねえ、とか、なんとかかんとか。そっちのほうの話も止まりません。そして、そんな会話をしている時の顔はみんな「小学生男子」。矢部先生ももちろん同じでした。

亀好きは、甲羅をせおった姿のあの生き物が、世界各地で今日ものんびり暮らしているかと思うとそれだけで心躍るのです。

また、先生はルールが守られている限りでは「ペットは文化だと思う」とも言われていました。

それにしても、矢部隆さんといえば、わたしにとって、いわば「憧れの亀先生」。偶然に偶然が重なったとはいえ、まさかそんな方に自著の監修をお願いできるとは思ってもみませんでした。あと

カメハウスにある
背甲の骨格標本。
甲羅でおおわれている、と
いうことがよくわかります。

で知ったことなのですが、矢部先生はわたしと同じ岡山のご出身。「岡山の人が書く亀の本なら」と、そうも言ってくださったということです。この本が、矢部隆先生監修という名に恥じないものになっていることを願うばかりです。

今回、資料として読んだ亀についての本の多くにも、監修者、解説者として関わっておられるのですが、じつは矢部先生ご自身にはまとまった著作がありません。もちろん、少なからぬ数の依頼はあるご様子でしたが、日々の調査や緊急の対策に追われ、書きたい気持ちはあっても、なかなかその余裕がないということ。

「もし時間ができて、亀について何か1冊ということになったら、どんな本をお書きになりたいですか？」という質問には、即座に「(自然での) イシガメやクサガメの生態についてですね」という、しごくまっとうなお答え。でも考えてみればそんな本は、まだ世の中に1冊もないのです。

ある資料の中で読んだニホンイシガメの生態についてのレポートも、一般の読者に向けたとてもわかりやすいものでした。

イシガメやクサガメについての矢部先生の本、ああ、ものすごく読みたいです。ぜひお願いします。日本の亀のためにも。

ニシキマゲクビガメの
おなかをみせてもらう。

ご自宅の亀たち。
オスとメスがいっしょにならないように
分けてあります。

矢部家のケヅメリクガメ。
名前はケヅー。

亀の孵化温度による性決定を発見した
Claude Pieau 博士と。

ガケ書房の外観。
いちど見たら忘れられません。

ガケ書房の亀

京都にガケ書房という本屋さんがあります。古本ではなく、基本は新刊書店。白川通り沿いで、壁に車が半分突っ込んでいる、といえば「ああ、あの」と思い出される方もあるかもしれません。行くと必ずほしい本が何冊もみつかる楽しいお店で、ここも「亀のいる本屋さん」。店主の山下さんが大変な亀好きで、亀専用の池まであるのです。

お店に入って左側、通りに面した窓の向こうに細長い池のある箱庭のような空間があり、ここにニホンイシガメが２匹、ミナミイシガメが２匹の計４匹が暮らしています。ミナミイシガメはその名の通り、本来は南の暖かい地方に生息している亀ですが、日本ではなぜか琵琶湖周辺の滋賀や京都でみられます。実際、このガケ書房にいるうちの１匹も、山下さんのお友達が、近くの道端を歩いているのを拾ってこられたということ。

お店ができたのは２００４年。当時まだこの亀の池はなかった

店主の山下賢二さんとデカ。

山下さんが小学校1年生の時から飼っている32年モノのクサガメ「デカ」。

そうですが、それから2年ほどしたある日、飛び込みでやってきた若者から「空いているスペースで庭を作らせてほしい」という申し出をうけ、この亀の庭ができたということです。

この池に導入されたのは、以前からご自宅で飼われていたうちの3匹で、その後、さらに拾われた1匹が加わりました。この4匹のうち、ニホンイシガメの「ガリ」だけがオスで、本来ならばハーレム状態のはずなのですが、臆病な性格のせいなのか、残念なことにまったくモテないのだそう。確かに、いままでに何度かこの亀池をみた時にも、たいてい目立たない場所でじっとしていました。ただでさえ、ニホンイシガメはメスにくらべてオスのほうが小さいので、その姿にはよりいっそう哀愁が感じられます。

また、特に食いしん坊なのはメスのニホンイシガメ「チバちゃん」。マイペースが信条の亀の中でも極めてマイペースなのがミナミイシガメの「ペク」、そして、容姿端麗で、お店の取材があると必ず「モデル亀」として活躍するのが、最後に拾われてきたミナミイシガメの「エス」、とそれぞれに個性と役割があります。

とはいえ、この4匹暮らしという状態はそれなりのバランスが保たれているようで、ケンカをするようなことはなく、みな思い思い

お店の亀池。
白川通りに面しているとは
思えない静かな亀世界です。

にこの池で過ごしているようです。ただ、冬場は全員ご自宅の水槽で水中冬眠させるということなので、このお店で亀の様子がみられるのは、だいたい5月～10月下旬までのあいだ。

ところで、ある年の秋、そろそろ店の亀たちを冬眠させようとしていた頃のこと、ふと気づくとミナミイシガメのモデル嬢「エス」が行方不明に。自力では抜け出せないようにしてあるはずの亀池ですが、従業員総出での必死の捜索にもかかわらず、ついに見つけ出せず「まるで消えたよう」にいなくなっていたのだそうです。

そしてそれから半年以上がたち、「もともと野良だったし、どこかへ帰っていったのかも」とほとんどあきらめていた8月のある日のこと、ふとみると、何食わぬ顔でエス嬢が亀池を泳いでいるではないですか。「うれしい、とかいう感情も通り越して、なんだか呆気にとられてしまった」ということです。

もし店内のどこかで冬を越したのなら、気温が上がり活動をはじめる5月、6月には出てきてもおかしくありません。「一度外に出掛けてきて、そしてまた帰ってきたような気がするんです」と山下さんは言っていました。

そういえば、先の東日本大震災で、津波で流されたあるお宅の亀

自宅亀の「デカ」も加わった集合写真。

が、しばらくして元の家のあった場所まで戻ってきたという新聞記事を読みました。その記事には「帰巣本能のようなものがあると言われている」と書かれてありましたが、少なくとも亀の持つ空間把握能力がわたしたちの想像以上なのは確か。それも充分ありえるだろうという気がします。

ちなみに「お店のお客さんで、この亀の池を認識されている方はどれくらいいですか?」という質問には「たぶん2割くらいでしょうね」との返事。思った以上に少ないです。でも、考えてみればその2割という数字、なんとなく世の中での亀の存在感と似ているなあという気もしたのです。目立たないけど、でも確実に存在する亀、そしてそんな亀のことが好きな人。

山下さんと知り合ったきっかけは「本屋の店主」としてというよりは「亀」のほう。お会いするたび、本業はそっちのけで、ただひたすら亀の話題で盛り上がります。

山下さんのご自宅には、飼いはじめて30年以上になるというオスのクサガメがいます。「小学校1年の頃に、ジャスコみたいなところで、おばあちゃんに買ってもらった」という、ごくごく一般的な来歴をもつ亀ですが、それを、いまもずっと飼い続けているという

モデル亀のエス嬢（♀）。
ミナミイシガメらしい
丸くなめらかな甲羅と
美貌が自慢です。
豊原エスさんという方が
拾われたので、この名前が。

ことは、ほんとうに珍しく貴重なケース。すごい！

今回、この本のための取材という名目で対面させてもらいました。名前は「デカ」。同時に飼いはじめたもう1匹のほうが「チビ」だったそうで、ご本人いわく「さすが小1のネーミング」。しかし「チビ」のほうは、残念ながら、途中で死んでしまったそうです。

30年モノのオスのクサガメ、ちょっと詳しい方ならすぐに想像がつくかと思いますが、クサガメ特有の首筋の模様が消え、完全に黒化しています。かわいい、そしてカッコイイ。

これまでに何度か、お店の池に仲間入りさせようと試みたことがあるそうですが、長年「ひとりっ子」として単独の水槽で飼ってきたためか、ほかの亀と馴染めず、結局いまも「世間知らずの箱入り息子」のまま暮らしているそうです。

環境の変化は、亀にとってもストレスには違いありません。これまで30年続いてきた生活は、やはり変えないほうがいいだろうなと思いました。

それにしても、わたしがお店で「デカ」を追って写真を撮っているあいだ中、山下さんはといえば、まるでステージママのように、そわそわそわそわと様子を見守っておられたのも印象的でした。

ガケ書房の亀たち

ニホンイシガメのチバちゃん（♀）。
落ち葉のような甲羅が名前の由来。
あまり人見知りをしないので、
よく目が合います。

ニホンイシガメのガリ（♂）。
臆病な性格なので、じっくり見ないと
見つかりません。
甲羅が欠けているのが目印です。

窓越しの亀池。このガラス窓には、
いしいしんじさんの即興小説が
自筆で書かれています。

ミナミイシガメのペク（♀）。
のんびりとした性格の
大柄な女の子。

1年目と2年目の亀たち。
さて何匹いるでしょう？
（答え：9匹）

知久さんの亀

「亀生まれたんだけど、いる？」

亀仲間である知久寿焼さんからそう尋ねられ、ふたつ返事で譲り受けたのが、家にいる中でいちばん小さいクサガメの「ちょき」。

前年の9月に孵化し、その年はそのまま冬眠。翌春に目覚め、ようやくエサを食べはじめた5月頃、我が家にやってきました。その時は、卵から出てきた時とほとんど同じ大きさ、甲長約3センチほどだったのですが「冬眠明けだから、これからぐっと大きくなるよ」という言葉どおり、みるみるうちに成長し、半年後の11月には倍近い大きさになりました。

脱皮、といっていいのかわかりませんが、この間、皮膚の表面に薄く張ったような膜がはがれることがよくありました。ある程度の大きさになるとそんな様子はあまりみられないので、これは急激に成長する時期に目立つものではないかと思っています。

知久さん宅で、あらかじめ準備をして産卵孵化をむかえるように

知久さんと亀全員。

なったのが、これが5回目くらい。マンションのベランダに置かれた水槽は、亀が自由に出入りできるようになっていて、そろそろ卵を産みそうだなという季節になると、プラスチックのケースに土を入れた「産卵場所」を用意してやるのだそうです。

以前にも産卵はしていたそうですが、その当時は飼育環境がいまほど整っていなかったこともあって、知らないうちにベランダの隅に産み落とされたものが干からびて発見されたり、孵化に挑戦したものの失敗したりということが何度かあったのだということです。「それでいろいろ反省して、いまの家の引っ越す時は、日当たりの良い広めのベランダがあることが第一条件で探しました」ということ。なんと、亀環境を第一に家探しですよ。さすが知久さん。

亀を飼いはじめたのは、いまから20年近く前。「たま」のツアーで徳島を訪れた時、ファンの方からクサガメの子ども（後にオスと判明）を贈られたのがきっかけだったそうです。その後、1匹ではかわいそうだということで、知り合いの方が繁殖させた同い年の子クサガメを2匹譲り受け（後にどちらもメスと判明）、それらがいまでは毎年ちゃくちゃくと産卵、孵化を繰り返しているということ。この本の154～155ページに載せている孵化の様子も、知久さん

大きさによって
居住区がわけられています。

が撮影されたものです。

「今思えば、はじめの数回は無精卵だったのかも。とにかく1997年頃には産卵しはじめていました。最初にもらったのが1991年。それから5〜6年で産卵をはじめて、初孵化が9年後ってことになります。あ！　ただ、うちのは最初に2年半くらいは冬に保温飼育してたので、そのぶんは成長が進んでいるはずですなー」と詳しく説明してくださいました。

亀のほかにも、さまざまな「地味な生き物」を飼っている知久さん。「留守も多いし、ぞんざいな飼い方なんだけどね」とは言われるものの、生き物をみている時の目は、心の底からうれしそうな根っからの動物好きのもの。じつに上手に世話をされています。生まれつき動物の扱い方が身についているのだろうと思います。

ところで、うちにいる亀の中で、ちょきだけがエサをやる時にわたしの指までかじろうとするのですが、その話をしたら「あ、それはウチの家系だね。みんな食い意地はってんだよねえ」ということでした。なるほど。

ちなみに知久さん宅では、オスもメスも大きいのも小さいのも、おしなべて「カメ子」と呼ばれています。

スノコを利用して
水場から自由に出入りできるように
してあります。歩き回ったり、
物陰に隠れることもできる理想的な
亀環境。メスが２匹、
水場に戻ろうとしているところです。

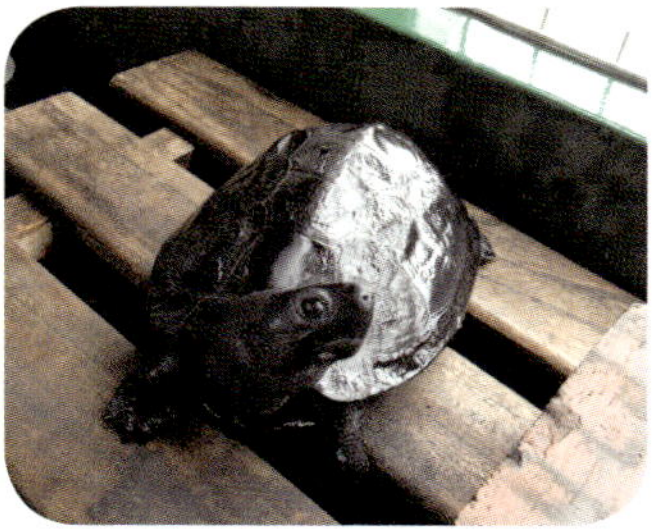

最初にやってきたオス。
完全に黒化していてかわいいです。

立派に育った２匹のメス。

タッパーウエアに
ミズゴケをつめ、我が家まで
やってきた「ちょき」さん。

用意してもらった産卵場所で
土を掘るメスのカメ子たち。

土を掘っている最中、
なぜかパンダ顔に。

野外観察

どぼん、どぼん、水の中に大きな石を放り込んだような音をさせて、亀たちがいっせいに池に飛び込みます。飛び込む、というより滑り落ちる、といったほうが適切かもしれません。気持ちよさそうに甲羅干しをしている姿を発見し、そおっと近づいたつもりだったのに気づかれてしまいました。

桜の咲く頃に目覚めた亀は気温の上昇とともに活動をはじめ、5月の大型連休あたりから活発になります。亀シーズンの到来。冬のあいだ、じっと身を潜めていた亀たちが、まるで湧いて出たかのように姿をあらわし甲羅干しをはじめるのです。

近所の決まった観察ポイントはもちろん、旅先で目に入る池や川にも、どんな亀がいるのか気になって仕方ありません。

わたしの住む瀬戸内沿岸部はもともとクサガメ主体の地域。亀といえばクサガメを指しますが、そこから中国山地を越えて日本海側の山陰地方へ行くと、見かけるのはほとんどがイシガメ。このあた

りでは亀といえばイシガメのことなのでしょう。とそんなことに思いを巡らせるだけでも楽しい気持ちになるのです。

亀仲間との情報交換も活発になり「都内のどこそこの池は意外とイシガメ多いですよ」などと聞けば、出張の途中にその池へ立ち寄るべくスケジュールを調整したり、たとえば渋谷で用事があるとなれば地図を広げて周辺の池をしらべ、約束の時間よりすこし早めに到着し、目的の池まで亀チェックに赴きます。渋谷に亀、なんて考えたこともない方が大半だと思いますが、意外にいるものなのです、街中の亀。

みかけるのはやはり外来種のミシシッピアカミミガメが中心ですが、我らがニホンイシガメやクサガメもそれなりには健闘。

特に、ニホンイシガメはその名の通り日本固有種ということもあり、みかけるたびに「がんばれー」と祈るような気持ちで声援を送ります。

まわりの亀仲間のあいだでは、まるで暗黙の了解でもあるかのように「イシガメ主体」の池なら最高、次点が「クサガメ主体」、その次が「アカミミ主体ではあるのが、イシガメ、クサガメも確認される」というような池に対する序列があり、わたしはこれを勝手に

よーくみると、
枝の上に６匹のカメが
甲羅干ししています。
いずれもアカミミさん。

亀指数と名付け、メモをしています。

また、意外に、珍妙なハイブリッドの個体が確認される「番外」もあり、話題はつきません。

ふだんから、大勢の人が行き交う公園の池などでは、かなりの距離まで近づいても平気な顔をしていますが、冒頭のように、人の気配を察するや、姿をかくしてしまう場合も多いので、野外観察には望遠鏡があると便利。かなり遠くからでも、イシガメの甲羅のギザギザや、クサガメの3本の隆起（キール）、アカミミガメの顔にある赤い斑などが確認できます。

ところで、どぼん、どぼん、と池に飛び込んだ亀たちですが、わりあいすぐにまた上がってくるので、しばらく待ってみることをおすすめします。

橋の上からながめていると
続々と集まってきました。

各地で野外観察

京都のお寺の池

左京区にあるお寺。
クサガメ、イシガメ主体の
「亀指数」の高い池があり、
近くまで行くと必ず足を伸ばします。

明治神宮の池

さすが明治神宮。ニホンイシガメもぽつぽつみられます。
ここの亀はけっこう臆病なので望遠鏡があると便利。

亀観察用にしている単眼望遠鏡。
これがあれば
遠くの亀もすぐそばに。

松江市内の川

島根県は市街地を含め、
どこの池や川をのぞいても
ほとんどが
ニホンイシガメでした。
まだこんな地域も
残っているのです。

東京都の住宅街の池

クサガメ、アカミミガメが主体ですが、
よくここを散歩する亀仲間によればイシガメをみることもあるそうです。
写真は、わたしが訪ねた時にみかけた亀。
アカミミガメ＋キボシイシガメのハイブリッドのように思われました。

大阪、四天王寺の亀池

亀がたくさんいるので有名な池。
お天気のいい日に山盛りになって
甲羅干しをしている様子は壮観。
そのほとんどがアカミミガメですが、
よく目を凝らしてみると
ところどころにクサガメも。

倉敷市内の池

アカミミガメとクサガメが主体ですが、
観光地の中にあるため人にもなれていて、
間近で観察できます。
写真の亀は甲羅の後縁部がすこしギザギザしていますが、
しかし顔つきはあきらかにクサガメのオスなので、
たぶんうんきゅう（イシ＋クサ）だと思います。

井の頭自然文化園の中にある
水生物館。
吉祥寺の人混みに疲れると、
よくここへ来て休憩します。

動物園の亀

動物園といえば、まずゾウやキリンなどの姿が思い浮かびますが、その園内には、たいていひっそりと両生類と爬虫類の飼育されている建物があります。熱帯性の気候を再現した高温多湿の環境のなかでヘビやトカゲ、ワニなどといっしょに数種類の亀も飼われています。

ウミガメやガラパゴスゾウガメなど、家庭での飼育はまず考えられない大型種や珍しい種類はもちろん、動物園ならではの本格的な設備のおかげで、身近なイシガメやクサガメなどが本来の身体能力を存分に発揮している様子が見られることもあります。

たとえば、井の頭自然文化園の水槽で自在に泳ぎ回るニホンイシガメの姿などは、亀を飼う人であれば、ぜひ一度みてもらいたいと思うもののひとつです。

当たり前といえば当たり前のことですが、池などでの野外観察とちがい、真冬だろうとなんだろうと、一年中みたいと思った時にい

上野動物園の
両生爬虫類館の前で、
ブロンズのゾウガメに
乗ってみた著者。

つでもみられるのが動物園のいいところ。雨の降る寒い日に、動物園のあたたかい亀舎の中でぼんやりと亀の姿を眺めてすごすのも、なかなか贅沢なものです。

また、余談にはなりますが、よっぽど規模の大きな動物園でないかぎり、爬虫類などは夜行性動物と同じ建物の中で飼育されていることが多いので、亀のあとは暗闇の中で目を凝らし、スローロリスやムササビなど地味ながらも愛らしい姿を観察することもできます。

いまは、ほとんどの動物園がホームページを持っているため、飼育されている動物の一覧を見ることも容易です。みなさんも一度身近な動物園をチェックしてみてください。

上野動物園

日本一有名な動物園というだけあって、両生爬虫類館の亀コーナーも
大変充実しています。外国産の珍しい種類はもちろん、
国産種であるイシガメ、クサガメ、スッポンの成体が、
ガラス越しではなく、じかにみられるコーナーも作られていて、
大きさや質感を観察することができます。

井の頭自然文化園

園内に水生物館があり、イシガメ、クサガメ、
ミシシッピアカミミガメ、カミツキガメなどが飼われています。
泳ぎの得意なニホンイシガメがすいすいと泳ぐ姿は一見の価値あり。

砥部動物園

「砥部の亀はいいですよねえ」と亀仲間同士で話すことがあります。
種類が多く充実しているのはもちろん、
世話も設備もたいへん行き届いていて、
どの個体も非常にコンディションがいいのです。
特にニホンイシガメの保護と
繁殖を積極的に行われているようで、
園内には、その推移などの資料も展示されています。
また、余談ですが、日本で唯一、
ニホンカワウソを飼育していた動物園でもあります。

玉野海洋博物館

著者が子どもの頃からいる
アカウミガメが数匹、
表のウミガメプールで泳いでいます。
数年前にリニューアルされ
小規模ながら水族館のようなおもむきに。
瀬戸内の潮だまりにいる海岸動物も
いろいろみられます。
矢部先生も「ああ、渋川（地名）の！
懐かしいなあ」と言われていました。

あとがき

好きかどうかはさておいて「子どもの頃に飼っていたことがある」という人は意外に多い亀という生き物。でも「冬は冬眠するんですよね」とか「天気のいい日に甲羅干ししてる」くらいのイメージしかないのが普通です。

そんな、身近にいるのにあまり知られていない亀の生態について、うちにいる亀の様子をもとにご紹介しました。

この本を書くにあたって矢部隆先生には、お忙しいなか大変熱心にご指導をいただきました。おもいがけなく監修をお願いできることになったいきさつは4章の訪問記に書いたとおりです。亀が矢部先生を連れてきてくれたのでは、という気がしています。

また、亀写真や亀にまつわるエピソードを提供してくださったみなさまにも、こころよりお礼申し上げます。内容に広がりが出、厚みが増したのはもちろん、意外な方の中に潜んでいた「亀」を発見することにもなり、とても有意義でした。

そして、苔につづいて、こんな地味なテーマの本を根気よく形にしてくださった編集の飛田淳子さん、ほんとうにありがとうございます。実際に亀を飼育しておられる三木謙次さんにイラストを担当していただけたのも、とても心強かったです。

ところで、この本では「～なようです」や「～でしょうか」など、曖昧で歯切れの悪い言い回しを繰り返し使っています。例外が多く、必ずしも断定はできない。これは科学の中における生物という分野のむずかしさとおもしろさだと思いますが、わけても亀というやつは、その方面のプロフェッショナル。なにしろ、そんな曖昧なまま黙々と2億年生きてきたのです。

生き物であるわたしたち人間も、生まれてきたからには、なんとかかんとか工夫しながら、死ぬまで生きていかねばなりません。大変だなあと思うことも少なくありませんが、でも、万事ぼちぼち、そこそこに順応というこの亀のいい加減さ、ほんとは人にももっとあっていいのではないかと思います。

まあ、われわれもひとつのんびりといきましょう。

二〇一二年七月　　田中美穂

参考文献

・『まみずにすむカメの現状と未来』島根県立宍道湖自然館ゴビウス（島根県立宍道湖自然館ゴビウス）平成15年
・『カメの家庭医学』小家山 仁（アートヴィレッジ）2004年
・『カメのきた道』平山 廉（NHK出版）2007年
・『うちのカメ』石川良輔 著、矢部 隆 注・解説（八坂書房）1994年
・『カメのくらし』増田戻樹（あかね書房）1986年
・『イシガメの里』松久保晃作（小峰書店）2005年
・『日本の両生爬虫類』内山りゅう・前田憲男・沼田研児・関慎太郎（平凡社）2002年
・『今、絶滅の恐れがある水辺の生き物たち』内山りゅう 編・写真、市川憲平 他 解説（山と渓谷社）2007年
・『カラー図鑑 カメのすべて』髙橋 泉 著、三上 昇 監修（成美堂出版）1997年
・『カメに100％喜んでもらう飼い方 遊ばせ方』藤井 聡 著、霍野晋吉 監修（青春出版社）2001年
・『世界のカメ』加藤 進（クリーンクリエイティブ）1992年
・『歴史の中のカブトガニ 古文書でたどるカブトガニ』伊藤剛史・伊藤大吾 著、伊藤富夫 監修（株式会社サイエンスハウス）2009年
・『星三百六十五夜』野尻抱影（中央公論社）昭和52年
・『月に吠える』萩原朔太郎（ほるぷ出版）昭和49年（復刻）

写真提供協力・制作協力

市山美季
岡村美奈
尾上太一
栗原しをり
工藤冬里
工藤礼子
工藤波夫
佐伯一麦
杉本　拓
鈴木卓爾
千田朋春
平等理恵
知久寿焼
扉野良人
中川ユウキチ
仁田坂英二
松本壯志（TSUBASA）
三宅昌照
モリイシスイッチ
森信　敏（笠岡市立カブトガニ博物館）
矢部　隆
山下賢二（ガケ書房）

（五十音順・敬称略）

監修者プロフィール

矢部 隆 [やべ・たかし]

1963 年岡山県赤磐市生まれ。

愛知学泉大学現代マネジメント学部教授。亀研究の第一人者。

在来のカメ類の生態学、行動学、保全生物学、外来のカメの自然環境への影響、水田生態系におけるカメ類の働き（除草、除虫など）ほか、野外調査を通した幅広い研究活動をしている。自宅で 50 匹の亀と暮らすほか、実験施設で 100 匹の亀、大学内の「カメハウス」（環境系実習室）で、50 匹の亀を飼育している亀おじさん。

著者プロフィール

田中美穂 [たなか・みほ]

1972 年岡山県倉敷市生まれ。

同市内の古本屋「蟲文庫」店主。

「岡山コケの会」、日本蘚苔類学会員。シダ、コケ、菌類、海藻、海岸動物、プランクトンなど地味な動植物が好き。老猫 1 匹、亀 8 匹とともに暮らす。亀のひたむきな姿に、いつも励まされている。

著書に、『苔とあるく』『星とくらす』（小社刊）、『わたしの小さな古本屋』（洋泉社）がある。

http://homepage3.nifty.com/mushi-b/

亀のひみつ

2012年 8 月 28 日　第 1 版第 1 刷発行
2019年 2 月 9 日　　　　第 4 刷発行

著者……………田中美穂

発行所…………WAVE出版
〒102-0074　東京都千代田区九段南 3-9-12
TEL：03-3261-3713
FAX：03-3261-3823
振替：00100-7-366376
E-mail：info@wave-publishers.co.jp
http://www.wave-publishers.co.jp/

印刷・製本……萩原印刷

NDC480 190p 20㎝　ISBN978-4-87290-578-6